技工院校信息类专业工学一体化教材
技工院校计算机程序设计专业教材（中/高级技能层级）

Web 前端开发（JavaScript）实训题集

钟鑫轰/主　编
黄桂琼　刘　妮/副主编

中国劳动社会保障出版社

简介

本书是技工院校信息类专业工学一体化教材、技工院校计算机程序设计专业教材（中 / 高级技能层级）《Web 前端开发（JavaScript）》的配套实训题集。

全书按照教材项目、实训任务顺序编排，根据教材讲授的知识和技能设置实训任务，具有较强的可操作性和拓展性，帮助学生进一步巩固所学知识，锻炼实际操作技能。

完成本书中实训任务所需的相关素材可通过技工教育网（https://jg.class.com.cn）下载使用。

本书由钟鑫轰担任主编，黄桂琼、刘妮担任副主编，蔡小花、黄王龙、张思远参与编写。

图书在版编目（CIP）数据

Web 前端开发（JavaScript）实训题集 / 钟鑫轰主编 . 北京：中国劳动社会保障出版社，2025. --（技工院校信息类专业工学一体化教材）（技工院校计算机程序设计专业教材：中 / 高级技能层级）. --ISBN 978-7-5167-7134-1

Ⅰ. TP312.8-44

中国国家版本馆 CIP 数据核字第 2025P6V077 号

Web 前端开发（JavaScript）实训题集

Web QIANDUAN KAIFA（JavaScript）SHIXUN TIJI

中国劳动社会保障出版社出版发行

（北京市惠新东街 1 号　邮政编码：100029）

*

北京宏伟双华印刷有限公司印刷装订　　新华书店经销

787 毫米 ×1092 毫米　16 开本　7.5 印张　141 千字

2025 年 7 月第 1 版　　2025 年 7 月第 1 次印刷

定价：19.00 元

营销中心电话：400-606-6496

出版社网址：https://www.class.com.cn

https://jg.class.com.cn

目 录

项目一　制作“社团招新”网站

假设你是某学校的学生会信息部部长，从学校团委处接受了一项制作“社团招新”网站的任务，该网站主要包括“社团招新”“报名信息”“猜数字游戏”3 个页面。

实训任务 1　制作“社团招新”页面

一、实训任务描述

“社团招新”网站各页面的静态布局已经完成，“社团招新”页面效果图如图 1-1-1 所示。

图 1-1-1　“社团招新”页面效果图

本实训任务需要你使用不同的方式引入 JavaScript 代码，实现弹出对话框和在浏览器控制台中输出内容的效果，具体要求如下。

1. 使用行内式引入 JavaScript 代码，实现单击“领取福利”按钮时弹出对话框的效果，弹出对话框效果如图 1-1-2 所示。

2. 使用外链式引入 JavaScript 代码，实现在浏览器控制台中输出内容，在浏览器控制台中输出内容的效果如图 1-1-3 所示。

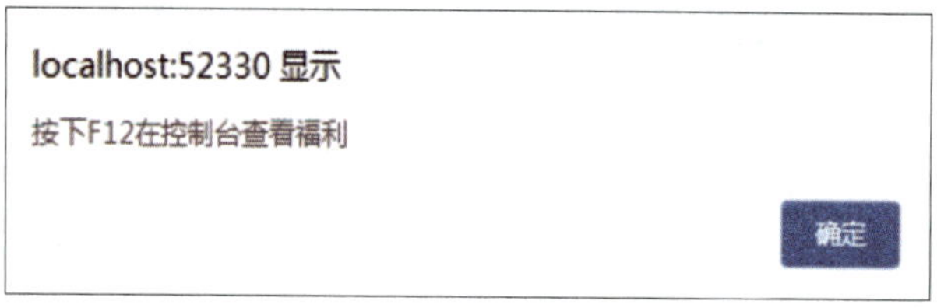

图 1-1-2　弹出对话框效果

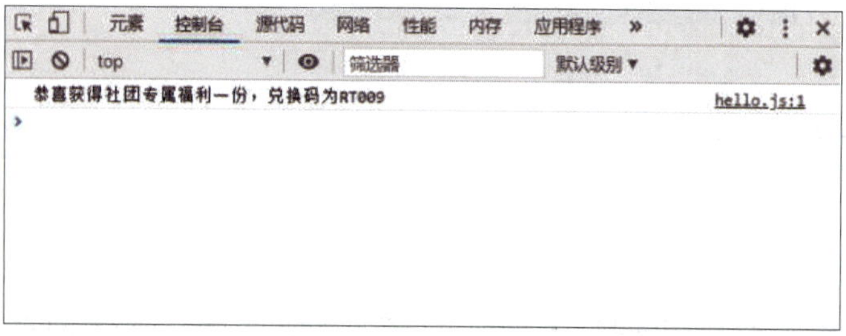

图 1-1-3　在浏览器控制台中输出内容的效果

二、实训任务分析

本实训任务考查 JavaScript 的基本应用。利用已学的 JavaScript 基本应用知识和代码规范，打开开发工具（如 Visual Studio Code，简称 VS Code），导入项目文件，在“index.html”文件中先使用行内式引入 JavaScript 代码，实现单击按钮弹出对话框效果；再使用外链式引入 JavaScript 代码，实现在浏览器控制台中输出内容的效果。

在实训任务开始前，按照图 1-1-4 所示的思维导图复习教材中的知识点和技能点。

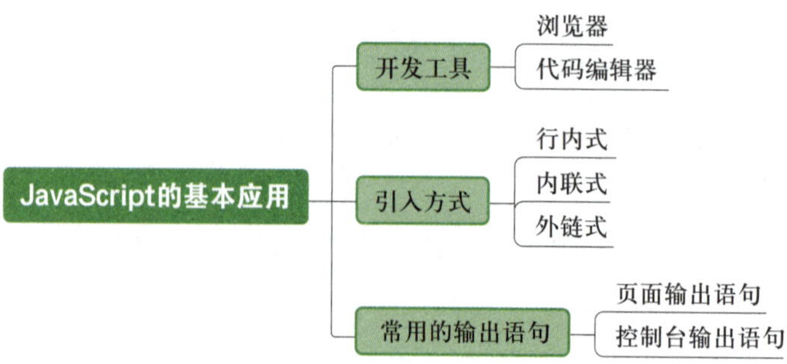

图 1-1-4　思维导图

三、实训计划制订

根据实训任务分析，完成实训计划的制订，填入表 1-1-1 中。

表 1-1-1　实训计划

序号	工作内容	所需时间
1		
2		
3		
4		
5		
6		

四、实训任务实施

按照表 1-1-2 所列的操作步骤和操作要点，完成本实训任务。

表 1-1-2　操作步骤和操作要点

序号	操作步骤	操作要点
1	导入项目文件	在开发工具（如 VS Code 等）中导入本书配套资源中的“welcome”文件夹
2	实现单击按钮弹出对话框效果	打开“index.html”文件，使用行内式引入 JavaScript 代码，为 <button> 标签添加 onclick 属性，实现单击按钮弹出对话框效果
3	预览效果	保存代码，在浏览器中进行测试，用鼠标左键单击“领取福利”按钮，查看运行结果
4	实现在浏览器控制台中输出内容的效果	创建 JavaScript 文件，编写代码，使用外链式引入 JavaScript 代码，实现在浏览器控制台中输出内容的效果
5	预览效果	保存代码，在浏览器中进行测试，按下 F12 键，查看运行结果

五、实训错误记录

将实训过程中出现的错误及相应的错误原因、处理方法记录在表 1-1-3 中。

表 1-1-3　实训错误记录

序号	出现错误	错误原因	处理方法
1			
2			
3			
4			
5			

六、实训任务评价

实训任务完成后，以最终作品效果展示的形式，在班级内展示学习成果。分别从专业能力、通用能力等维度，采用自我评价、学生互评、教师评价相结合的多元化评价方式，按表 1-1-4 所列评价项目完成实训评价。

表 1-1-4　实训评价

评价项目	评价要求	自我评价（占比 30%）	学生互评（占比 30%）	教师评价（占比 40%）
专业能力	能准确解读和分析实训任务（10 分）			
	能叙述 JavaScript 的组成和特性（10 分）			
	能熟练掌握 JavaScript 的基本应用（20 分）			
	能熟练使用输入输出语句（20 分）			
通用能力	遵守纪律，遵守学习场所管理规定，听从管理人员安排（10 分）			
	积极主动学习，按要求参加教师安排的实训任务（10 分）			

续表

评价项目	评价要求	自我评价（占比 30%）	学生互评（占比 30%）	教师评价（占比 40%）
通用能力	具有团队合作意识，注重沟通，自主探究并相互协作（10 分）			
	有安全意识、责任意识、6S 管理意识，注重节约、节能和环保（10 分）			
综合得分				

七、知识巩固与练习

1. JavaScript 文件的后缀名为（　　）。

A. java　　B. script

C. js　　D. doc

2.（　　）方法可在控制台输出内容。

A. console.log()　　B. document.write()

C. alert()　　D. prompt()

3. 通过按（　　）键可查看 console.log() 方法的输出结果。

A. F4　　B. F12

C. Ctrl　　D. Shift

4. 可以在下列（　　）标签中放置 JavaScript 代码。

A. <script>　　B. <javascript>

C. <js>　　D. <scripting>

5. 下列（　　）事件处理程序可用于在用户单击按钮时执行函数。

A. onSubmit　　B. onClick

C. onChange　　D. onExit

6. 写入警告框的正确 JavaScript 方法是（　　）。

A. window.alert()　　B. document.write()

C. response.write()　　D. console.log()

实训任务 2　制作“报名信息”页面

一、实训任务描述

“社团招新”网站“报名信息”页面的静态布局已经完成，本实训任务需要你使用 prompt() 方法，实现用户单击“单击报名”按钮即可输入报名信息的效果，如图 1-2-1 所示。

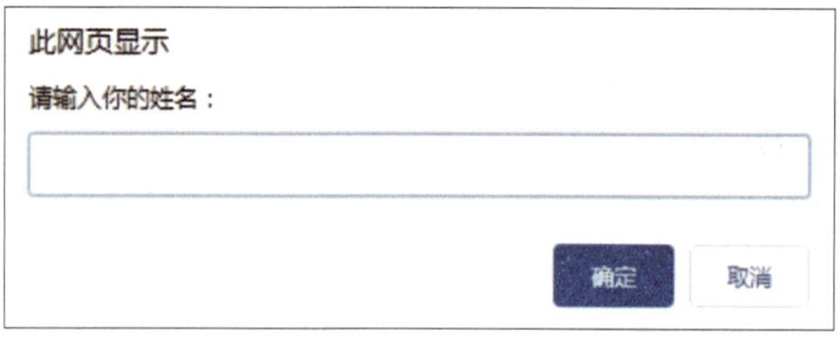

a）

b）

c）

图 1-2-1　输入报名信息效果

a）请输入你的姓名　b）请输入你的手机号码　c）你想加入的社团

用户输入报名信息后，在“message.html”页面中输出该用户的报名信息，效果如图 1-2-2 所示。

图 1-2-2　输出报名信息效果

二、实训任务分析

本实训任务考查 JavaScript 变量的使用和输入语句。利用已学的知识和代码规范，打开开发工具并导入项目文件，在“message.html”文件中先使用 prompt( ) 方法显示对话框，提示用户输入报名信息，并将输入内容保存到变量中；再使用 document.write( ) 方法将变量中存储的数据输出到“报名信息”页面中。

在实训任务开始前，按照图 1-2-3 所示的思维导图复习教材中的知识点和技能点。

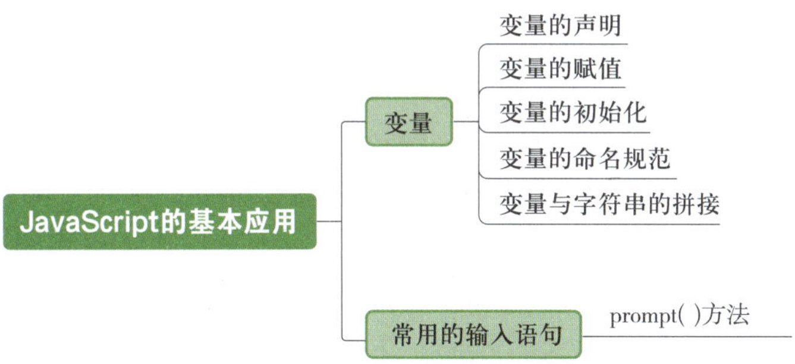

图 1-2-3　思维导图

三、实训计划制订

根据实训任务分析，完成实训计划的制订，填入表 1-2-1 中。

表 1-2-1　实训计划

序号	工作内容	所需时间
1		
2		
3		
4		
5		
6		

四、实训任务实施

按照表 1-2-2 所列的操作步骤和操作要点，完成本实训任务。

表 1-2-2　操作步骤和操作要点

序号	操作步骤	操作要点
1	导入项目文件	在开发工具中导入本书配套资源中的“welcome”文件夹，打开“message.html”文件
2	实现报名信息输入功能	在 <div class="content"> 标签内增加 <script> 标签，在 <script> 标签内编写代码实现用户报名信息输入功能
3	预览效果	保存代码，在浏览器中进行测试，用鼠标左键单击“单击报名”按钮，查看运行结果
4	实现报名信息输出功能	使用输出语句将变量中的数据取出并显示到“报名信息”页面中
5	预览效果	保存代码，在浏览器中进行测试，查看运行结果

五、实训错误记录

将实训过程中出现的错误及相应的错误原因、处理方法记录在表 1-2-3 中。

表 1-2-3　实训错误记录

序号	出现错误	错误原因	处理方法
1			
2			
3			
4			
5			

六、实训任务评价

实训任务完成后，以最终作品效果展示的形式在班级内展示学习成果。分别从专业能力、通用能力等维度，采用自我评价、学生互评、教师评价相结合的多元化评价方式，按表 1-2-4 所列评价项目完成实训评价。

表 1-2-4　实训评价

评价项目	评价要求	自我评价（占比 30%）	学生互评（占比 30%）	教师评价（占比 40%）
专业能力	能准确解读和分析实训任务（10 分）			
	能根据实际需求声明并使用变量（10 分）			
	能熟练掌握 JavaScript 的基本应用（20 分）			
	能熟练使用输入输出语句（20 分）			
通用能力	遵守纪律，遵守学习场所管理规定，听从管理人员安排（10 分）			
	积极主动学习，按要求参加教师安排的实训任务（10 分）			
	具有团队合作意识，注重沟通，自主探究并相互协作（10 分）			
	有安全意识、责任意识、6S 管理意识，注重节约、节能和环保（10 分）			
综合得分				

七、知识巩固与练习

1. 下列变量名中，合法的是（　　）。

A. 5show　　B. return　　C. $user　　D. var

2. 下面不属于 JavaScript 数据类型的是（　　）。

A. number　　B. string　　C. boolean　　D. int

3. 在 JavaScript 代码中，'123'+4 的运行结果是（　　）。

A. 127　　B. '1234'　　C. 1234　　D. '123'4

4. 下列关于 JavaScript 变量的命名规范，说法错误的是（　　）。

A. 变量名不能是关键字，如 let、var、if 等

B. 变量名区分大小写

C. 变量名可以由数字、字母、下画线和符号 $ 组成，可以以数字开头

D. 建议使用驼峰命名法

5. 可实现页面文档输出功能的语句是（　　）。

A. prompt( )　　B. alert( )

C. document.write( )　　D. console.log( )

6. 可实现用户在对话框输入功能的语句是（　　）。

A. prompt( )　　B. alert( )

C. document.write( )　　D. console.log( )

实训任务 3　制作“猜数字游戏”页面

一、实训任务描述

本实训任务需要你使用 Math.random( ) 方法生成一个 1 ~ 10 之间的随机整数，供用户猜测。生成随机整数的界面效果如图 1-3-1 所示。

检测用户输入的数字是否正确，并给出提示。输入错误时提示界面效果如图 1-3-2 所示。

用户输入正确时提示界面效果如图 1-3-3 所示。

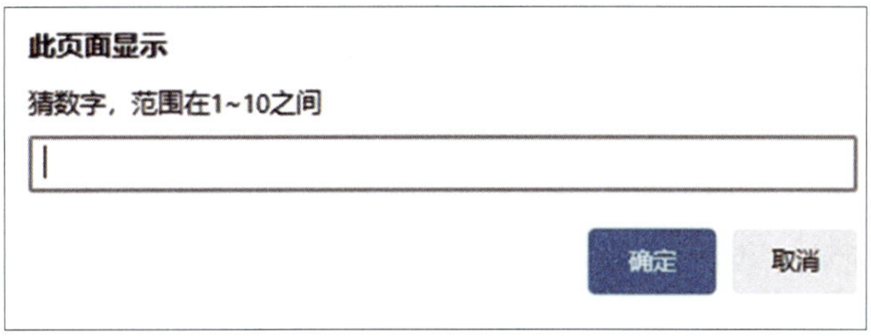

图 1-3-1　生成随机整数的界面效果

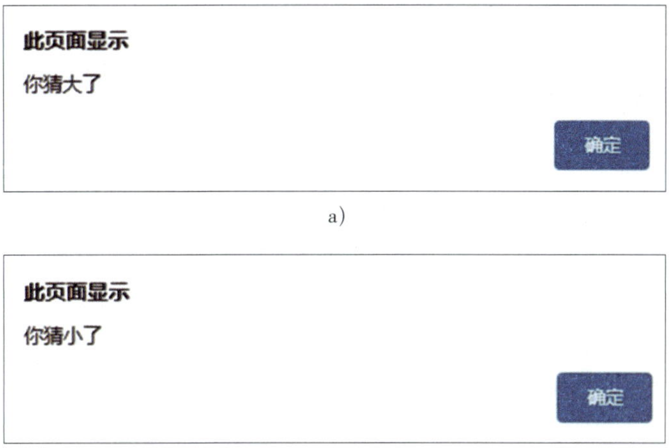

a)

b)

图 1-3-2　输入错误时提示界面效果

a）输入的数字比答案大　b）输入的数字比答案小

图 1-3-3　输入正确时提示界面效果

二、实训任务分析

本实训任务考查 JavaScript 的基础语法、随机数生成、分支语句、循环语句和用户交互等。利用已学的知识和代码规范，打开开发工具并导入项目文件，在“game.html”文件中先使用 Math.random( ) 方法生成一个 1 ~ 10 之间的随机整数，再使用条件表达式检测用户输入的数字，并给出提示；使用 while 循环语句持续地提示用户，直到用户猜对为止，使用 break 语句结束游戏。

在实训任务开始前，按照图 1-3-4 所示的编码流程图分析如何实现猜数字游戏。

按照图 1-3-5 所示的思维导图复习教材中的知识点和技能点。

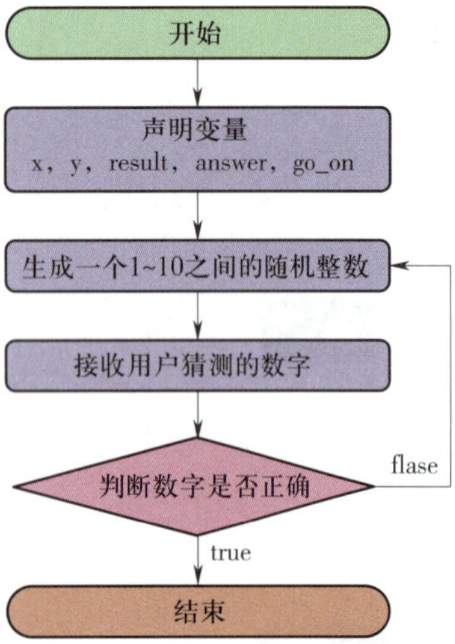

图 1-3-4　编码流程图

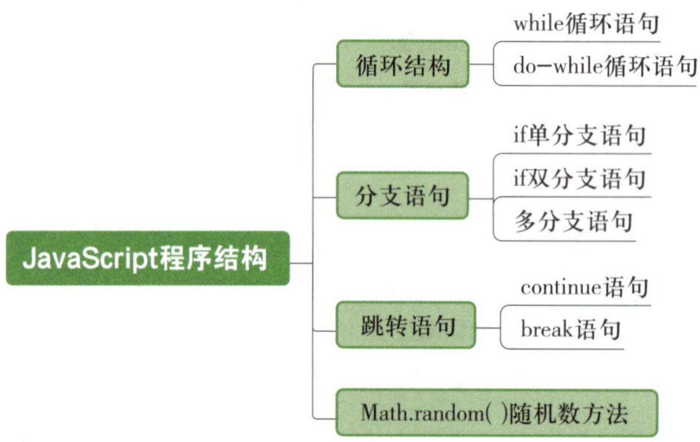

图 1-3-5　思维导图

三、实训计划制订

根据实训任务分析，完成实训计划的制订，填入表 1-3-1 中。

表 1-3-1　实训计划

序号	工作内容	所需时间
1		
2		
3		
4		
5		
6		

四、实训任务实施

按照表 1–3–2 所列的操作步骤和操作要点，完成本实训任务。

表 1–3–2　操作步骤和操作要点

序号	操作步骤	操作要点
1	导入项目文件	在开发工具中导入本书配套资源中的“welcome”文件夹
2	分析编码流程	根据猜数字游戏的功能，分析编码流程，拆解编码流程图
3	实现游戏效果	打开“game.html”文件，根据编码流程图，使用随机数方法、分支语句、循环语句等实现游戏效果
4	预览效果	保存代码，在浏览器中进行测试，查看运行结果

五、实训错误记录

将实训过程中出现的错误及相应的错误原因、处理方法记录在表 1–3–3 中。

表 1–3–3　实训错误记录

序号	出现错误	错误原因	处理方法
1			
2			
3			
4			
5			

六、实训任务评价

实训任务完成后，以最终作品效果展示的形式在班级内展示学习成果。分别从专业能力、通用能力等维度，采用自我评价、学生互评、教师评价相结合的多元化评价方式，按表 1–3–4 所列评价项目完成实训评价。

表 1-3-4　实训评价

评价项目	评价要求	自我评价（占比 30%）	学生互评（占比 30%）	教师评价（占比 40%）
专业能力	能准确解读和分析实训任务（10 分）			
	能灵活使用随机数方法生成随机数（10 分）			
	能使用运算符和表达式完成运算（10 分）			
	能熟练使用分支语句（10 分）			
	能熟练使用循环语句（10 分）			
	能正确选择并使用 continue 语句和 break 语句（10 分）			
通用能力	遵守纪律，遵守学习场所管理规定，听从管理人员安排（10 分）			
	积极主动学习，按要求参加教师安排的实训任务（10 分）			
	具有团队合作意识，注重沟通，自主探究并相互协作（10 分）			
	有安全意识、责任意识、6S 管理意识，注重节约、节能和环保（10 分）			
综合得分				

七、知识巩固与练习

1. 在执行下列代码时，while 循环的次数是（　　）。

```
let i=0;
while(i===1){i++};
```

A. 无限次　　B. 有语法错误，不能执行

C. 一次也不执行　　D. 执行一次

2. 下列（　　）表达式的返回值为假（false）。

A. !(3<=1)　　B. (4>=4)&&(5<=2)

C. ("a"=="a")&&("c"!="d")　　　　D. (2<3)|(3<2)

3. 在执行下列代码后，弹出的结果是（　　）。

```
var a=888;
++a;
alert(a++);
```

A. 888　　B. 889　　C. 890　　D. 891

4. 下列选项中，（　　）不是分支语句使用的关键字。

A. case　　B. if　　C. else　　D. for

5. 下列选项中，（　　）不属于比较运算符。

A. ==　　B. ===　　C. !==　　D. =

6. 在循环语句中，使用（　　）关键字可立即跳出本次循环。

A. break　　B. continue　　C. var　　D. return

7. 下列选项中，（　　）属于赋值运算符。

A. ==　　B. >=　　C. =　　D. ===

8. 下列选项中，（　　）方法用于生成一个随机数。

A. random( )　　　　B. rand( )

C. Math.random( )　　　　D. Math.rand( )

项目二　制作企业网站页面

假设你是某科技公司的前端开发工程师，从公司项目部接受了一项为花花有限公司制作企业网站页面的任务，该网站页面主要包括“关于我们”“业务展示”2 个模块。

实训任务 1　制作“关于我们”模块

一、实训任务描述

“花花有限公司”网站页面的静态布局已经完成，在本实训任务中，需运用 JavaScript 实现页面“关于我们”模块中的设置字号和背景颜色的交互效果，具体要求如下。

1. 设置字号

单击“关于我们”模块中的“+”“–”按钮，实现模块中文字元素的字号增大（最大字号为 18 px）或减小（最小字号为 12 px）功能，并显示相应的字号数值。字号为 18 px 的效果如图 2–1–1 所示。

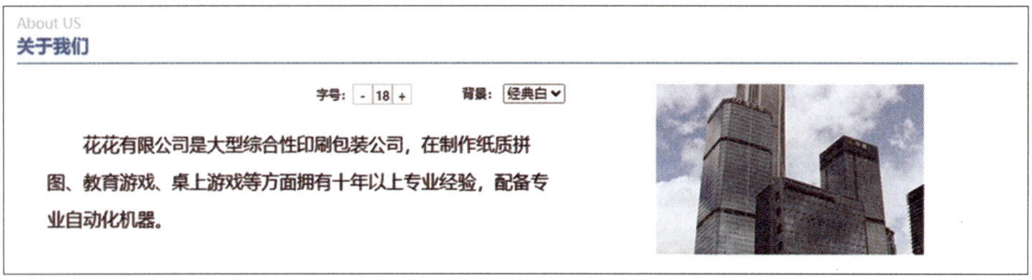

图 2–1–1　字号为 18 px 的效果

字号为 14 px 的效果如图 2–1–2 所示。

2. 设置背景颜色

单击“关于我们”模块中的“背景”下拉菜单，设置背景颜色，实现对模块背景颜色的更改效果。设置“中性灰”（#f4f4f4）背景颜色的效果如图 2–1–3 所示。

设置“淡雅蓝”［RGBA(212,238,246,0.5)］背景颜色的效果如图 2–1–4 所示。

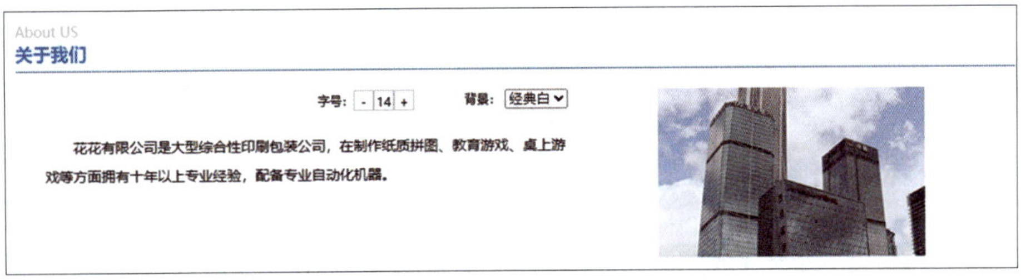

图 2-1-2 字号为 14 px 的效果

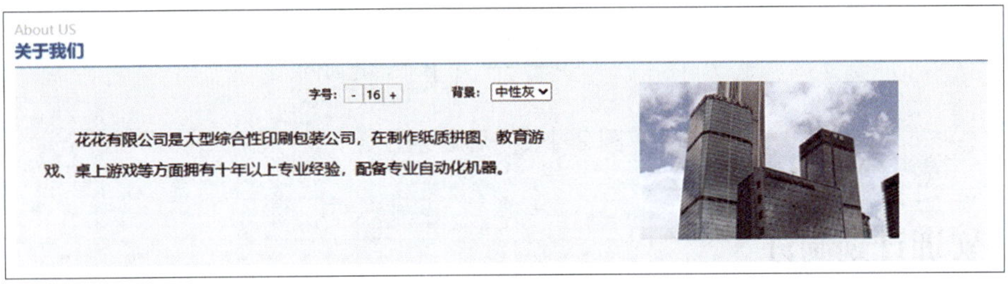

图 2-1-3 设置“中性灰”背景颜色的效果

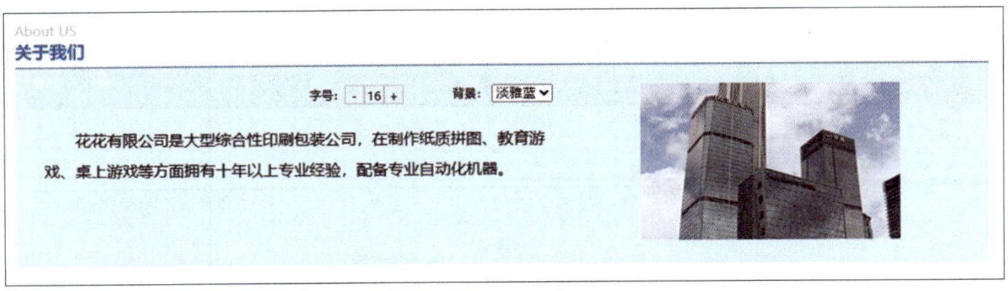

图 2-1-4 设置“淡雅蓝”背景颜色的效果

二、实训任务分析

本实训任务考查文档对象模型（Document Object Model，DOM）的使用、获取和操作DOM 元素、注册事件、获取下拉菜单 value 值、switch 语句等。利用已学的知识和代码规范，实现设置字号和背景颜色的交互效果。

在实训任务开始前，按照图 2-1-5 所示的思维导图复习教材中的知识点和技能点。

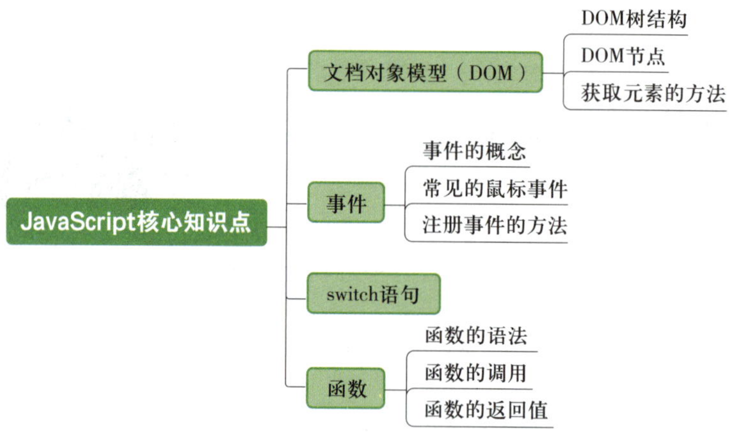

图 2-1-5　思维导图

三、实训计划制订

根据实训任务分析，完成实训计划的制订，填入表 2-1-1 中。

表 2-1-1　实训计划

序号	工作内容	所需时间
1		
2		
3		
4		
5		
6		

四、实训任务实施

按照表 2-1-2 所列的操作步骤和操作要点，完成本实训任务。

表 2-1-2　操作步骤和操作要点

序号	操作步骤	操作要点
1	导入项目文件	在开发工具中导入本书配套资源中的“company”文件夹，打开“index.html”文件；新建“index.js”文件，并将其链接到“index.html”文件中
2	实现设置字号功能	通过操作 DOM 元素，实现设置字号功能，并显示相应的字号数值
3	预览效果	保存代码，在浏览器中进行测试，查看运行结果
4	实现设置背景颜色功能	通过 value 属性获取下拉菜单中用户选中的值，使用 switch 语句匹配该值，实现设置背景颜色功能
5	预览效果	保存代码，在浏览器中进行测试，查看运行结果

五、实训错误记录

将实训过程中出现的错误及相应的错误原因、处理方法记录在表 2-1-3 中。

表 2-1-3　实训错误记录

序号	出现错误	错误原因	处理方法
1			
2			
3			
4			
5			

六、实训任务评价

实训任务完成后，以最终作品效果展示的形式在班级内展示学习成果。分别从专业能力、通用能力等维度，采用自我评价、学生互评、教师评价相结合的多元化评价方式，按表 2-1-4 所列评价项目完成实训评价。

表 2-1-4　实训评价

评价项目	评价要求	自我评价（占比 30%）	学生互评（占比 30%）	教师评价（占比 40%）
专业能力	能准确解读和分析实训任务（10 分）			
	能独立完成设置字号功能（25 分）			
	能独立完成设置背景颜色功能（25 分）			
通用能力	遵守纪律，遵守学习场所管理规定，听从管理人员安排（10 分）			
	积极主动学习，按要求参加教师安排的实训任务（10 分）			
	具有团队合作意识，注重沟通，自主探究并相互协作（10 分）			
	有安全意识、责任意识、6S 管理意识，注重节约、节能和环保（10 分）			
综合得分				

七、知识巩固与练习

1. 在 switch 语句中，通常使用（　　）个 case 值。

A. 根据需要设置数量　　B. 2 ~ 3

C. 1 ~ 2　　D. 5

2. 下列选项中，（　　）不属于网页中的事件。

A. onclick　　B. onmouseover

C. onsubmit　　D. onpressbutton

3.（　　）事件可用于在用户单击按钮时执行函数。

A. onSubmit　　B. onClick　　C. onChange　　D. onPress

4. 下列选项中，（　　）可用于实现动态改变指定 <div> 标签内的文本内容效果。

A. innerText　　B. setContent　　C. className　　D. classList

5. 下列选项中，（　　）可以作为 DOM 的 style 属性操作的样式名。

A. Color　　B. backGround　　C. left　　D. font-size

实训任务 2　制作“业务展示”模块

一、实训任务描述

“花花有限公司”网站页面的静态布局已经完成，本实训任务需要你使用 JavaScript 实现页面“业务展示”模块中的图片遍历展示效果，如图 2-2-1 所示。

图 2-2-1　图片遍历展示效果

二、实训任务分析

本实训任务考查数组的创建和使用、for 循环等。利用已学的知识和代码规范，实现图片遍历展示效果。

在实训任务开始前，按照图 2-2-2 所示的思维导图复习教材中的知识点和技能点。

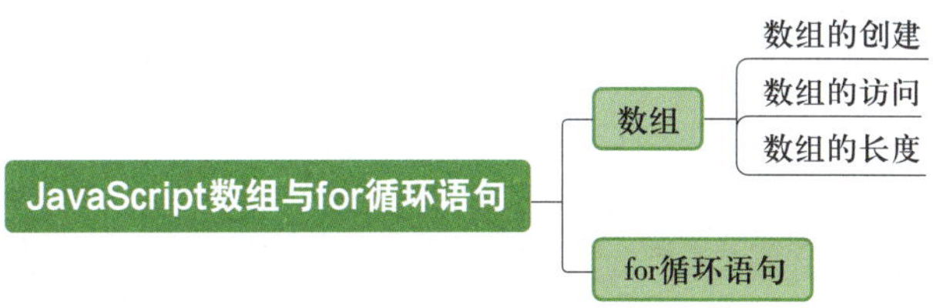

图 2-2-2　思维导图

三、实训计划制订

根据实训任务分析，完成实训计划的制订，填入表 2-2-1 中。

表 2-2-1 实训计划

序号	工作内容	所需时间
1		
2		
3		
4		

四、实训任务实施

按照表 2-2-2 所列的操作步骤和操作要点，完成本实训任务。

表 2-2-2 操作步骤和操作要点

序号	操作步骤	操作要点
1	导入项目文件	在开发工具中导入本书配套资源中的“company”文件夹，打开“index.html”文件
2	实现图片遍历展示效果	使用数组存储“业务展示”模块图片；使用 for 循环遍历图片数组，使图片自动显示在指定的模块区域中
3	预览效果	保存代码，在浏览器中进行测试，查看运行结果

五、实训错误记录

将实训过程中出现的错误及相应的错误原因、处理方法记录在表 2-2-3 中。

表 2-2-3 实训错误记录

序号	出现错误	错误原因	处理方法
1			
2			
3			
4			
5			

六、实训任务评价

实训任务完成后，以最终作品效果展示的形式在班级内展示学习成果。分别从专业能力、通用能力等维度，采用自我评价、学生互评、教师评价相结合的多元化评价方式，按表 2-2-4 所列评价项目完成实训评价。

表 2-2-4　实训评价

评价项目	评价要求	自我评价（占比 30%）	学生互评（占比 30%）	教师评价（占比 40%）
专业能力	能准确解读和分析实训任务（10 分）			
	能正确创建并操作数组（25 分）			
	能正确使用 for 循环遍历数组（25 分）			
通用能力	遵守纪律，遵守学习场所管理规定，听从管理人员安排（10 分）			
	积极主动学习，按要求参加教师安排的实训任务（10 分）			
	具有团队合作意识，注重沟通，自主探究并相互协作（10 分）			
	有安全意识、责任意识、6S 管理意识，注重节约、节能和环保（10 分）			
综合得分				

七、知识巩固与练习

1. 下列选项中，创建数组方式错误的是（　　）。

A. var arr=new Array('Tom','Jerry','Jay');

B. var arr=new array('Tom','Jerry','Jay');

C. var arr=['Tom','Jerry','Jay'];

D. var arr=['Tom','Jerry', , ,'Jay'];

2. 下列选项中，（　　）语句属于循环结构语句。

A. if　　B. for

C. switch　　D. if-else

3. 下列选项中，（　　）用于立即跳出整个循环。

A. break　　B. continue　　C. switch　　D. if

4. 分析下列 JavaScript 代码段，其输出结果是（　　）。

```
a=new Array("100","2111","41111");
for(var i=0;i<a.length;i++){
    document.write(a[i]+" ");
}
```

A. 100 2111 41111　　B. 1 2 3

C. 0 1 2　　D. 1 2 4

5. 某些情况下，（　　）语句可以代替多重 if 语句。

A. if-else　　B. for

C. while　　D. switch

实训任务 3　测试与提交企业网站页面

一、实训任务描述

“花花有限公司”网站页面的交互效果已经完成，本实训任务需要你对页面进行测试，并将其提交到远程 Git 仓库。

二、实训任务分析

本实训任务考查网页兼容性测试和模块测试的思路与方法，以及常用 Git 命令等。先确认网站页面静态布局和各功能模块均已符合项目要求，然后使用 Git 命令查看 Git 仓库状态，在本地版本库中保存代码后，将本地分支版本提交到远程 Git 仓库中。

在实训任务开始前，按照图 2-3-1 所示的思维导图复习教材中的知识点和技能点。

图 2-3-1　思维导图

三、实训计划制订

根据实训任务分析，完成实训计划的制订，填入表 2-3-1 中。

表 2-3-1　实训计划

序号	工作内容	所需时间
1		
2		
3		
4		
5		
6		

四、实训任务实施

按照表 2-3-2 所列的操作步骤和操作要点，完成本实训任务。

表 2-3-2　操作步骤和操作要点

序号	操作步骤	操作要点
1	测试网页兼容性	在 Chrome、Firefox 和 Microsoft Edge 等浏览器上对“index.html”页面进行兼容性测试
2	测试设置字号功能	分别单击“关于我们”模块中的“+”“-”按钮，测试各按钮是否均按照项目要求实现对应文字元素的字号增大或减小功能
3	测试设置背景颜色功能	单击“关于我们”模块中的“背景”下拉菜单，测试下拉菜单的各选项是否均按照项目要求实现对应背景颜色的更改功能

续表

序号	操作步骤	操作要点
4	测试图片遍历展示功能	检查“业务展示”模块中显示的图片内容和数量，测试和确认其是否与数组中设置的图片一致
5	提交代码文件	使用 git status 命令查看 Git 仓库的当前状态，在本地版本库中保存代码后，使用 git push 命令将本地分支版本上传到远程仓库中

五、实训错误记录

将实训过程中出现的错误及相应的错误原因、处理方法记录在表 2-3-3 中。

表 2-3-3　实训错误记录

序号	出现错误	错误原因	处理方法
1			
2			
3			
4			
5			

六、实训任务评价

实训任务完成后，以最终作品效果展示的形式在班级内展示学习成果。分别从专业能力、通用能力等维度，采用自我评价、学生互评、教师评价相结合的多元化评价方式，按表 2-3-4 所列评价项目完成实训评价。

表 2-3-4　实训评价

评价项目	评价要求	自我评价（占比 30%）	学生互评（占比 30%）	教师评价（占比 40%）
专业能力	能准确解读和分析实训任务（10 分）			
	能独立测试网页兼容性（10 分）			
	能独立测试设置字号功能（10 分）			

续表

评价项目	评价要求	自我评价（占比 30%）	学生互评（占比 30%）	教师评价（占比 40%）
专业能力	能独立测试设置背景颜色功能（10 分）			
	能独立测试图片遍历展示功能（10 分）			
	能独立提交代码文件（10 分）			
通用能力	遵守纪律，遵守学习场所管理规定，听从管理人员安排（10 分）			
	积极主动学习，按要求参加教师安排的实训任务（10 分）			
	具有团队合作意识，注重沟通，自主探究并相互协作（10 分）			
	有安全意识、责任意识、6S 管理意识，注重节约、节能和环保（10 分）			
综合得分				

七、知识巩固与练习

1. 下列（　　）命令用于将本地版本库的更改推送到远程 Git 仓库。

A. git pull　　B. git push　　C. git fetch　　D. git clone

2. 在进行网页兼容性测试时，以下（　　）浏览器通常不需要被重点考虑。

A. Chrome　　B. Internet Explorer 6

C. Firefox　　D. Safari

3. 在进行网页兼容性测试时，若发现在某一浏览器中 JavaScript 功能无法正常使用，可能的原因是（　　）。

A. 浏览器禁用了 JavaScript

B. 网页代码中的 JavaScript 语法错误

C. 浏览器不支持该 JavaScript API（应用程序编程接口）

D. 以上选项都是

4. 网页兼容性测试主要包括下列（　　）测试。

A. 浏览器兼容性

B. 操作系统兼容性

C. 设备分辨率兼容性

D. 以上选项都是

5. 下列选项中，（　　）命令可以推送本地所有分支到远程 Git 仓库。

A. git push --all origin

B. git push origin --tags

C. git push origin HEAD

D. git push -f code

项目三　制作音乐资讯页面

假设你是某科技公司的 Web 前端开发工程师，从公司项目部接受了一项制作“花花音乐”网站页面的任务，该网站页面主要包括实时更新时间展示、自定义音频播放器、评论发表和删除 3 个功能。

实训任务 1　制作实时更新时间展示功能

一、实训任务描述

“花花音乐”网站页面的静态布局已经完成，本实训任务需要你使用 JavaScript 实现页面“欢迎”模块中的实时更新时间展示功能。实时更新时间展示效果如图 3-1-1 所示。

图 3-1-1　实时更新时间展示效果

二、实训任务分析

本实训任务考查对象、Date 对象、定时器的使用。利用已学的知识和代码规范，获取系统的当前时间，设置时间格式并将其显示在页面的“欢迎”模块中，使用定时器实现时间的实时更新。

在实训任务开始前，按照图 3-1-2 所示的思维导图复习教材中的知识点和技能点。

三、实训计划制订

根据实训任务分析，完成实训计划的制订，填入表 3-1-1 中。

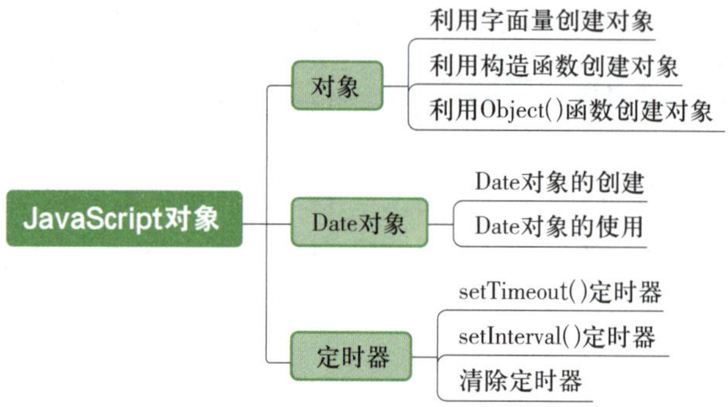

图 3-1-2　思维导图

表 3-1-1　实训计划

序号	工作内容	所需时间
1		
2		
3		
4		
5		

四、实训任务实施

按照表 3-1-2 所列的操作步骤和操作要点，完成本实训任务。

表 3-1-2　操作步骤和操作要点

序号	操作步骤	操作要点
1	导入项目文件	在开发工具中导入本书配套资源中的“music”文件夹，打开“index.html”文件；新建“index.js”文件，并将其链接到“index.html”文件中
2	显示系统的当前时间	创建 Date 对象，返回系统的当前时间，将时间格式化并显示在页面的“欢迎”模块中
3	实现时间的实时更新效果	定义 setInterval( ) 定时器，设置每隔 1 s 调用一次时间格式化函数
4	预览效果	保存代码，在浏览器中进行测试，查看运行结果

五、实训错误记录

将实训过程中出现的错误及相应的错误原因、处理方法记录在表 3-1-3 中。

表 3-1-3　实训错误记录

序号	出现错误	错误原因	处理方法
1			
2			
3			
4			
5			

六、实训任务评价

实训任务完成后，以最终作品效果展示的形式在班级内展示学习成果。分别从专业能力、通用能力等维度，采用自我评价、学生互评、教师评价相结合的多元化评价方式，按表 3-1-4 所列评价项目完成实训评价。

表 3-1-4　实训评价

评价项目	评价要求	自我评价（占比 30%）	学生互评（占比 30%）	教师评价（占比 40%）
专业能力	能准确解读和分析实训任务（10 分）			
	能按照格式要求准确显示系统的当前时间（25 分）			
	能实现时间的实时更新效果（25 分）			
通用能力	遵守纪律，遵守学习场所管理规定，听从管理人员安排（10 分）			
	积极主动学习，按要求参加教师安排的实训任务（10 分）			

续表

评价项目	评价要求	自我评价（占比 30%）	学生互评（占比 30%）	教师评价（占比 40%）
通用能力	具有团队合作意识，注重沟通，自主探究并相互协作（10 分）			
	有安全意识、责任意识、6S 管理意识，注重节约、节能和环保（10 分）			
综合得分				

七、知识巩固与练习

1. Date 对象的（　　）方法可用于获取指定日期对象为一周中的第几天。

A. getDate( )　　B. getHours( )

C. getMonth( )　　D. getDay( )

2. 对象由（　　）组成。

A. 方法和属性　　B. 函数和变量

C. 函数和方法　　D. 方法和变量

3. 下列关于对象的描述中，错误的是（　　）。

A. 对象是一组无序的键值对

B. 对象是一组有序的键值对

C. 对象是一组键值对，其中值可以为任何类型

D. 对象是一组键值对，其中键是唯一的

4.（　　）定时器可以重复执行代码，每隔指定的秒数就执行一次。

A. setTimeout( )　　B. setInterval( )

C. currenTime( )　　D. getImmediate( )

5. 下列选项中，（　　）方法可以取消一个由 setTimeout( ) 设定的定时器。

A. clearTimeout( )　　B. clearInterval( )

C. cancelAnimationFrame( )　　D. clearImmediate( )

实训任务 2　自定义音频播放器

一、实训任务描述

“花花音乐”网站页面的静态布局已经完成，本实训任务需要你使用 CSS 样式自定义音频播放器的样式，实现音频播放器的常见功能，包括音频播放和暂停、音频静音和取消静音状态切换、显示音频播放总时长、更新音频播放时间等。该音频播放器的 CSS 样式显示效果如图 3-2-1 所示。

图 3-2-1　音频播放器的 CSS 样式显示效果

二、实训任务分析

本实训任务考查 video 对象的属性和方法，获取元素的位置、大小、可视区域，以及鼠标指针的位置的技术。利用已学的知识和代码规范，完成音频播放器的自定义制作。

在实训任务开始前，按照图 3-2-2 所示的思维导图复习教材中的知识点和技能点。

三、实训计划制订

根据实训任务分析，完成实训计划的制订，填入表 3-2-1 中。

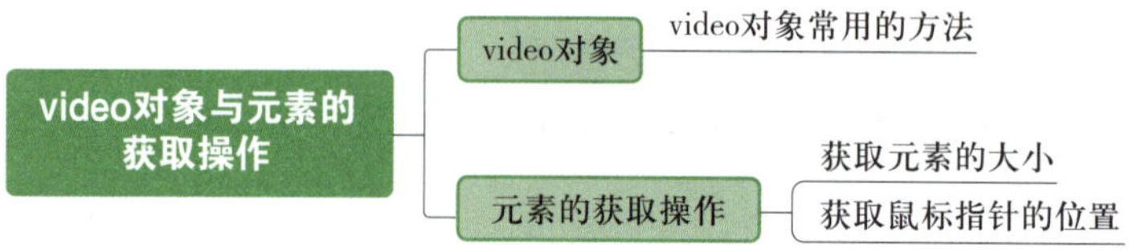

图 3-2-2　思维导图

表 3-2-1　实训计划

序号	工作内容	所需时间
1		
2		
3		
4		
5		
6		
7		
8		
9		
10		

四、实训任务实施

按照表 3-2-2 所列的操作步骤和操作要点，完成本实训任务。

表 3-2-2　操作步骤和操作要点

序号	操作步骤	操作要点
1	导入项目文件	在开发工具中导入本书配套资源中的“music”文件夹，打开“index.html”文件
2	链接音频文件	在“index.html”文件中链接音频文件，并检测链接是否成功
3	开发音频播放和暂停功能	获取音频文件、播放按钮节点；通过 audio 对象的 paused 属性判断音频当前是否处于暂停状态，设置播放和暂停按钮的状态切换，以及音频播放和暂停的状态切换

续表

序号	操作步骤	操作要点
4	开发音频的静音和取消静音状态切换功能	通过 audio 对象的 muted 属性判断音频当前是否处于静音状态，设置静音和取消静音按钮的状态切换，以及音频静音和取消静音的状态切换
5	开发显示音频播放总时长功能	通过 audio 对象的 duration 属性获取音频的总时长，将其格式化并写入对应节点中
6	开发更新音频播放时间功能	通过 audio 对象的 currentTime 属性获取音频当前的播放时间，将其格式化并写入对应节点中
7	开发更新音频播放进度条功能	获取音频播放进度条的总长度，计算进度条每秒更新的长度，并写入对应节点中
8	开发单击修改播放进度功能	为音频播放进度条注册单击事件，并使用事件对象（event，这里简写为 e）的属性获取鼠标指针位置；计算鼠标指针位置对应的音频播放时间，并修改音频当前的播放时间，以及对应的音频播放进度条长度
9	预览效果	保存代码，在浏览器中进行测试，查看运行结果

五、实训错误记录

将实训过程中出现的错误及相应的错误原因、处理方法记录在表 3-2-3 中。

表 3-2-3 实训错误记录

序号	出现错误	错误原因	处理方法
1			
2			
3			
4			
5			

六、实训任务评价

实训任务完成后，以最终作品效果展示的形式在班级内展示学习成果。分别从专业能力、通用能力等维度，采用自我评价、学生互评、教师评价相结合的多元化评价方式，按表 3-2-4 所列评价项目完成实训评价。

表 3-2-4　实训评价

评价项目	评价要求	自我评价（占比 30%）	学生互评（占比 30%）	教师评价（占比 40%）
专业能力	能准确解读和分析实训任务（10 分）			
	能正确链接音频文件（10 分）			
	能实现音频播放和暂停功能（10 分）			
	能实现音频的静音和取消静音状态切换功能（10 分）			
	能正确显示音频播放总时长和更新音频播放时间（10 分）			
	能正确更新音频播放进度条和实现单击修改播放进度功能（10 分）			
通用能力	遵守纪律，遵守学习场所管理规定，听从管理人员安排（10 分）			
	积极主动学习，按要求参加教师安排的实训任务（10 分）			
	具有团队合作意识，注重沟通，自主探究并相互协作（10 分）			
	有安全意识、责任意识、6S 管理意识，注重节约、节能和环保（10 分）			
综合得分				

七、知识巩固与练习

1. 下列选项中，（　　）属性不属于事件对象 event 的属性。

A. clientX　　B. offsetX　　C. offsetLeft　　D. target

2. 下列选项中，（　　）属性可以获取鼠标指针以页面可视区（浏览器边框）为参照的水平坐标。

A. clientX　　B. offsetX　　C. pageX　　D. screenX

3. 在执行下列代码后，可获取当前月份的代码是（　　）。

```
var d=new Date( );
```

A. d.getDate( )　　B. d.getMonth( )

C. d.getMonth( )+1　　D. d.getMonth( )-1

4. Date 对象将日期存储为自 1970 年 1 月 1 日 00:00:00 以来的（　　）数。

A. 天　　B. 毫秒　　C. 秒　　D. 分

5. 下列选项中，（　　）属性可用于返回音频当前的播放时间。

A. muted　　B. paused　　C. currentTime　　D. duration

实训任务 3　开发评论发表和删除功能

一、实训任务描述

“花花音乐”网站页面的静态布局已经完成，本实训任务需要你使用 JavaScript 实现评论发表和删除功能。用户可以在发表评论框中输入评论，由程序同步更新输入字符的数量。发表评论框效果如图 3-3-1 所示。

图 3-3-1　发表评论框效果

用户输入评论后，单击“发表评论”按钮。若用户输入的评论字数超过 100 字，则弹窗提示“输入字数已达上限”，弹窗提示效果如图 3-3-2 所示。

若用户输入的评论为空，则弹窗提示“请输入评论”，弹窗提示效果如图 3-3-3 所示。

用户成功发表的评论后，评论将在“评论区”的评论列表底部显示。若用户要删除某条评论，则单击该条评论右上角的删除按钮。评论显示效果如图 3-3-4 所示。

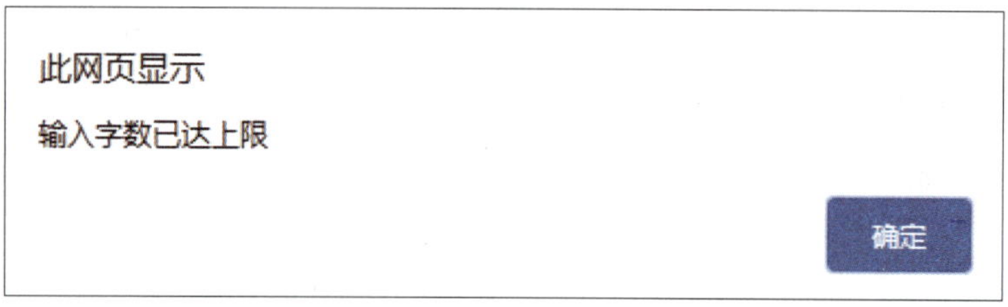

图 3-3-2 “输入字数已达上限”弹窗提示效果

图 3-3-3 “请输入评论”弹窗提示效果

图 3-3-4 评论显示效果

二、实训任务分析

本实训任务考查节点的获取、创建、添加和移除操作，以及 textarea 文本框的文本内容处理等。利用已学的知识和代码规范，实现评论发表和删除功能。

在实训任务开始前，按照图 3-3-5 所示的思维导图复习教材中的知识点和技能点。

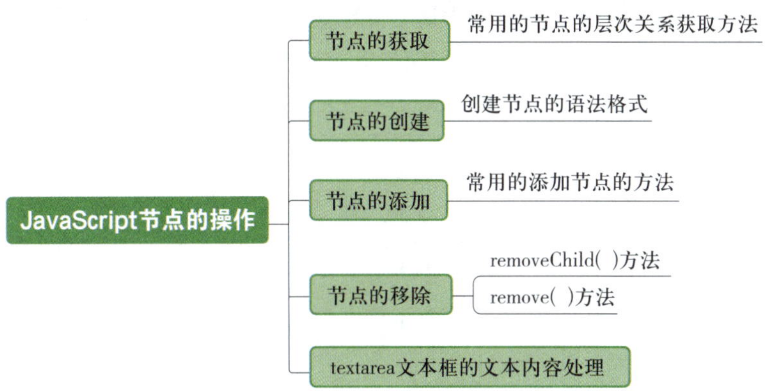

图 3-3-5　思维导图

三、实训计划制订

根据实训任务分析，完成实训计划的制订，填入表 3-3-1 中。

表 3-3-1　实训计划

序号	工作内容	所需时间
1		
2		
3		
4		
5		
6		
7		

四、实训任务实施

按照表 3-3-2 所列的操作步骤和操作要点，完成本实训任务。

表 3-3-2　操作步骤和操作要点

序号	操作步骤	操作要点
1	导入项目文件	在开发工具中导入本书配套资源中的“music”文件夹，打开“index.html”文件；新建 JavaScript 文件，并将其链接到“index.html”文件中
2	开发更新输入字符的数量功能	获取文本框 textarea，注册输入事件 oninput，使用文本框的 value 属性获取用户输入的字符数，并将其写入到字符数显示节点中
3	开发弹窗提示效果	定义变量，设置最大字符限制数，若用户输入的字符数量超过最大字符限制数，则提示“输入字数已达上限”，并使用 slice( ) 方法截取保留用户输入内容的前 100 个字符；若用户输入的字符数为 0，则提示“请输入评论”
4	开发发表评论功能	为“发表评论”按钮注册单击事件；创建新节点，向新节点中添加与评论信息对应的节点文本代码，将新节点添加至“评论区”栏目对应节点的末尾
5	开发删除评论功能	使用 for 循环遍历数组，为每一个删除按钮注册单击事件，使用 remove( ) 方法删除存储了对应评论信息的节点
6	预览效果	保存代码，在浏览器中进行测试，查看运行结果

五、实训错误记录

将实训过程中出现的错误及相应的错误原因、处理方法记录在表 3-3-3 中。

表 3-3-3　实训错误记录

序号	出现错误	错误原因	处理方法
1			
2			
3			
4			
5			

六、实训任务评价

实训任务完成后，以最终作品效果展示的形式在班级内展示学习成果。分别从专业能力、通用能力等维度，采用自我评价、学生互评、教师评价相结合的多元化评价方式，按表 3–3–4 所列评价项目完成实训评价。

表 3–3–4　实训评价

评价项目	评价要求	自我评价（占比 30%）	学生互评（占比 30%）	教师评价（占比 40%）
专业能力	能准确解读和分析实训任务（10 分）			
	能正确显示用户输入字符的数量（10 分）			
	能根据用户输入字符的数量，正确显示弹窗提示效果（10 分）			
	能将用户发表的评论正确显示到“评论区”栏目的末尾（15 分）			
	能准确删除评论信息（15 分）			
通用能力	遵守纪律，遵守学习场所管理规定，听从管理人员安排（10 分）			
	积极主动学习，按要求参加教师安排的实训任务（10 分）			
	具有团队合作意识，注重沟通，自主探究并相互协作（10 分）			
	有安全意识、责任意识、6S 管理意识，注重节约、节能和环保（10 分）			
综合得分				

七、知识巩固与练习

1. 下列选项中，（　　）属性可以获取文本框中的文本。

A. length　　B. value　　C. text　　D. width

2. 下列选项中，(　　) 事件在用户输入时触发。

A. onchange　　B. onclick　　C. oninput　　D. onblur

3. 下列选项中，(　　) 方法用于创建节点。

A. remove( )　　B. createElement( )

C. appendChild( )　　D. inserBefore( )

4. 下列选项中，(　　) 属性可以获取当前节点的父节点。

A. child　　B. childNodes　　C. parentNode　　D. firstChild

5. 下列选项中，(　　) 属性可以获取当前节点的首个子节点。

A. child　　B. lastChild　　C. parentNode　　D. firstChild

项目四　制作“花花头条”新闻网站页面

假设你是某科技公司的 Web 前端开发工程师，从公司项目部接受了一项制作“花花头条”新闻网站页面的任务，该网站页面主要包括“热点新闻”“登录”“注册”3 个模块。

实训任务 1　制作“热点新闻”模块

一、实训任务描述

“花花头条”新闻网站页面的静态布局已经完成，本实训任务需要你使用 JavaScript 实现网站页面“热点新闻”模块中新闻列表的动态渲染。动态渲染新闻列表效果如图 4-1-1 所示。

图 4-1-1　动态渲染新闻列表效果

二、实训任务分析

本实训任务考查 forEach 和 for...in 语句。利用已学的知识和代码规范，使用对象数组储存模拟从后端请求获取的新闻数据，再利用 forEach 和 for...in 语句循环遍历数组，并将数据写入“热点新闻”栏目的新闻列表中，实现动态渲染页面的效果。

在实训任务开始前，按照图 4-1-2 所示的思维导图复习教材中的知识点和技能点。

三、实训计划制订

根据实训任务分析，完成实训计划的制订，填入表 4-1-1 中。

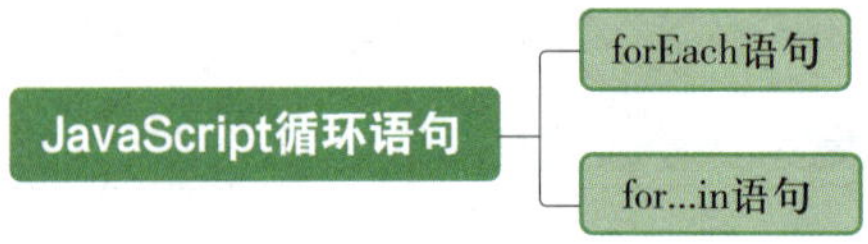

图 4-1-2　思维导图

表 4-1-1　实训计划

序号	工作内容	所需时间
1		
2		
3		
4		
5		
6		

四、实训任务实施

按照表 4-1-2 所列的操作步骤和操作要点，完成本实训任务。

表 4-1-2　操作步骤和操作要点

序号	操作步骤	操作要点
1	导入项目文件	在开发工具中导入本书配套资源中的“news”文件夹，打开“index.html”文件；新建“index.js”文件，并将其链接到“index.html”文件中
2	新建对象数组	使用对象数组储存“热点新闻”栏目的信息数据
3	动态渲染新闻列表	使用 forEach 语句遍历对象数组，并创建节点显示新闻列表数据
4	动态渲染新闻信息	使用 for...in 语句遍历对象数组，并创建节点显示新闻标题和发布时间
5	预览效果	保存代码，在浏览器中进行测试，查看运行结果

五、实训错误记录

将实训过程中出现的错误及相应的错误原因、处理方法记录在表 4-1-3 中。

表 4-1-3　实训错误记录

序号	出现错误	错误原因	处理方法
1			
2			
3			
4			
5			

六、实训任务评价

实训任务完成后，以最终作品效果展示的形式在班级内展示学习成果。分别从专业能力、通用能力等维度，采用自我评价、学生互评、教师评价相结合的多元化评价方式，按表 4-1-4 所列评价项目完成实训评价。

表 4-1-4　实训评价

评价项目	评价要求	自我评价（占比 30%）	学生互评（占比 30%）	教师评价（占比 40%）
专业能力	能准确解读和分析实训任务（10 分）			
	能完成新闻列表的动态渲染（25 分）			
	能完成新闻信息的动态渲染（25 分）			
通用能力	遵守纪律，遵守学习场所管理规定，听从管理人员安排（10 分）			
	积极主动学习，按要求参加教师安排的实训任务（10 分）			
	具有团队合作意识，注重沟通，自主探究并相互协作（10 分）			
	有安全意识、责任意识、6S 管理意识，注重节约、节能和环保（10 分）			
综合得分				

七、知识巩固与练习

1. 下列选项中，（　　）不属于循环语句。

A. for　　B. switch

C. forEach　　D. for...in

2. forEach( ) 回调的函数 function 中有（　　）个参数。

A. 1　　B. 2　　C. 3　　D. 4

3. 下列选项中，（　　）方法可以将一个节点添加到父节点的所有子节点末尾。

A. createElement( )　　B. appendChild( )

C. insertBefore( )　　D. removeChild( )

4. 分析下列 JavaScript 代码段，其输出结果是（　　）。

```
var arr=['a','b','c'];
for(var i in arr){console.log(i);}
```

A. a b c　　B. 0 1 2　　C. 1 2 3　　D. a

5. 分析下列 JavaScript 代码段，其输出结果是（　　）。

```
var arr=['apple','banana','peach'];
arr.forEach(function(i){
console.log(i);
})
```

A. apple banana peach　　B. 0 1 2

C. 1 2 3　　D. apple

实训任务 2　制作“登录”和“注册”模块

一、实训任务描述

“花花头条”新闻网站页面的静态布局已经完成，本实训任务需要你使用 JavaScript 实现网站页面“登录”和“注册”模块的切换，以及用户验证登录功能。

单击“登录”选项，“登录”模块效果如图 4-2-1 所示；单击“注册”选项，“注册”模块效果如图 4-2-2 所示。

图 4-2-1 “登录”模块效果

图 4-2-2 “注册”模块效果

使用表单的 submit( ) 方法完成用户验证登录功能。若用户输入的账号或密码不符合要求，提示“账号或密码错误”，并阻止表单的自动提交。登录失败提示效果如图 4-2-3 所示。若用户输入的账号和密码符合要求，则调用表单的 submit( ) 方法将表单数据提交到“index.html”页面并跳转。

图 4-2-3 登录失败提示效果

二、实训任务分析

本实训任务考查对 DOM 元素样式和属性的操作、表单的使用等。利用已学的知识和代码规范，更改选项卡与内容列表的样式，实现 Tab 栏切换效果；使用表单的 submit( ) 方法实现用户验证登录功能。

在实训任务开始前，按照图 4-2-4 所示的思维导图复习教材中的知识点和技能点。

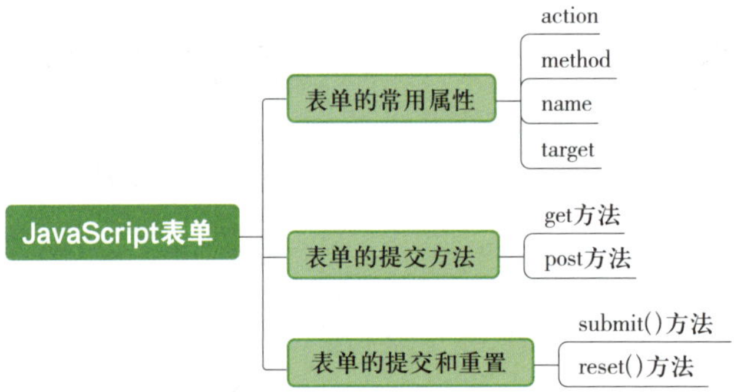

图 4-2-4　思维导图

三、实训计划制订

根据实训任务分析，完成实训计划的制订，填入表 4-2-1 中。

表 4-2-1　实训计划

序号	工作内容	所需时间
1		
2		
3		
4		
5		
6		

四、实训任务实施

按照表 4-2-2 所列的操作步骤和操作要点，完成本实训任务。

表 4-2-2　操作步骤和操作要点

序号	操作步骤	操作要点
1	导入项目文件	在开发工具中导入本书配套资源中的“news”文件夹，打开“login.html”文件；新建“login.js”文件，并将其链接到“login.html”文件中
2	开发“登录”和“注册”模块切换功能	使用 for 循环为每个模块注册单击事件，再使用 className( ) 方法为当前被选中的模块添加 active 类
3	开发内容列表的切换功能	使用自定义属性为每个模块设置标志（index），将与模块属性值对应的内容列表设置为“显示”
4	开发用户验证登录功能	使用表单的 submit( ) 方法实现用户验证登录功能
5	预览效果	保存代码，在浏览器中进行测试，查看运行结果

五、实训错误记录

将实训过程中出现的错误及相应的错误原因、处理方法记录在表 4-2-3 中。

表 4-2-3　实训错误记录

序号	出现错误	错误原因	处理方法
1			
2			
3			
4			
5			

六、实训任务评价

实训任务完成后，以最终作品效果展示的形式在班级内展示学习成果。分别从专业能力、通用能力等维度，采用自我评价、学生互评、教师评价相结合的多元化评价方式，按表 4-2-4 所列评价项目完成实训评价。

表 4-2-4 实训评价

评价项目	评价要求	自我评价（占比 30%）	学生互评（占比 30%）	教师评价（占比 40%）
专业能力	能准确解读和分析实训任务（10 分）			
	能完成“登录”和“注册”模块切换效果（30 分）			
	能完成用户验证登录效果（20 分）			
通用能力	遵守纪律，遵守学习场所管理规定，听从管理人员安排（10 分）			
	积极主动学习，按要求参加教师安排的实训任务（10 分）			
	具有团队合作意识，注重沟通，自主探究并相互协作（10 分）			
	有安全意识、责任意识、6S 管理意识，注重节约、节能和环保（10 分）			
综合得分				

七、知识巩固与练习

1. 下列选项中，提交表单时会触发的事件是（　　）。

A. submit　　B. reset　　C. focus　　D. blur

2. 分析下列 JavaScript 代码段，描述正确的是（　　）。

```
var s=document.getElementsByTagName("p");
for(var i=0;i<s.length;i++){
    s[i].style.display="none";
}
```

A. 隐藏了页面中所有 id 为 p 的对象

B. 隐藏了页面中所有 name 为 p 的对象

C. 隐藏了页面中所有标签为 <p> 的对象

D. 隐藏了页面中标签为 <p> 的第一个对象

3. 下列选项中，(　　)能把 id 为 pdate 的文本框值修改为 abc。

A. document.getElementByld("pdate").className("value","abc");

B. document.getElementByld("pdate").value="abc";

C. document.getElementByld("pdate").getAttribute("abc");

D. document.getElementByld("pdate").text="abc";

4. 下列选项中，(　　)用于设置元素的自定义属性。

A. className　　B. classList

C. setAttribute( )　　D. removeAttribute( )

5. 下列选项中，(　　)用于设置或获取元素的文本内容。

A. innerText　　B. className　　C. style　　D. textContent

项目五　开发“2048”小游戏段位功能

假设你是某科技公司的 Web 前端开发工程师，从公司项目部接受了一项为客户开发网页版的“2048”小游戏的任务。该小游戏的基础功能已开发完成，现需要你为该游戏增加段位功能，具体要求如下。

1. 在游戏界面中增加段位显示布局效果，如图 5-0-1 所示，用户初始段位为“青铜选手”，文字块的背景颜色值为 #B87333。

图 5-0-1　段位显示布局效果

2. 随着用户在小游戏中得分逐渐增加，段位也随之提高，页面自动更新显示最新的段位并切换段位文字的背景颜色。得分与段位、背景颜色的对应关系见表 5-0-1。

表 5-0-1　得分与段位、背景颜色的对应关系

得分	段位	背景颜色	效果预览
小于 512	青铜选手	#B87333	段位：青铜选手
512~1 023	白银选手	#C0C0C0	段位：白银选手

续表

得分	段位	背景颜色	效果预览
1 024~2 047	黄金选手	#FFD700	段位：黄金选手
2 048~4 095	钻石选手	#800080	段位：钻石选手
4 096~8 192	大师选手	#0000FF	段位：大师选手
大于 8 192	王者选手	#00FF00	段位：王者选手

实训任务 1　开发段位界面布局

一、实训任务描述

“2048”小游戏页面的静态布局已经完成，本实训任务需要你参照段位显示布局效果，修改“2048”小游戏的“index.html”布局文件和“style.css”样式文件。在页面加入段位显示布局，显示用户初始段位为“青铜选手”，文字块的背景颜色值为 #B87333。

二、实训任务分析

本实训任务考查在“index.html”文件中增加 div 节点和 span 节点，为段位文字的 span 节点加入 id 属性，根据布局效果图开发布局元素样式等。利用已学的知识和代码规范，在页面加入段位显示布局。

在实训任务开始前，按照图 5-1-1 所示的思维导图复习教材中的知识点和技能点。

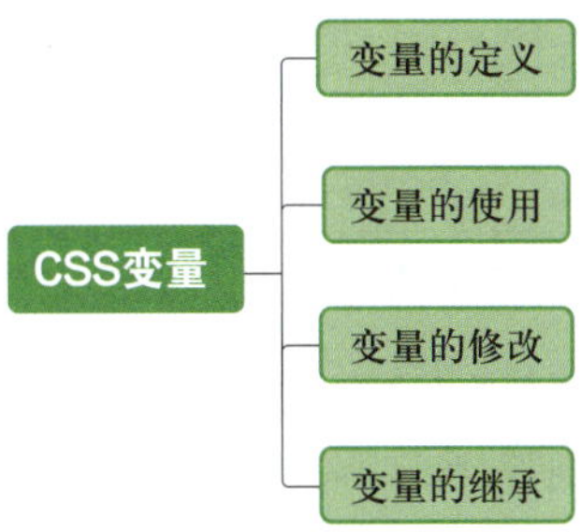

图 5-1-1　思维导图

三、实训计划制订

根据实训任务分析，完成实训计划的制订，填入表 5-1-1 中。

表 5-1-1 实训计划

序号	工作内容	所需时间
1		
2		
3		
4		
5		
6		
7		

四、实训任务实施

按照表 5-1-2 所列的操作步骤和操作要点，完成本实训任务。

表 5-1-2 操作步骤和操作要点

序号	操作步骤	操作要点
1	导入项目文件	在开发工具中导入本书配套资源中的“2048”文件夹，打开“index.html”文件
2	开发段位布局 div 节点	在分数布局下方新增段位布局 div 节点，设置其样式名为“divLevel”
3	开发段位文字 span 节点	在段位布局 div 节点中新增段位文字 span 节点，设置其 id 为“spanLevel”
4	开发段位布局 div 节点样式	打开“style.css”文件，根据布局效果要求开发段位布局 div 节点样式

续表

序号	操作步骤	操作要点
5	开发段位文字 span 节点样式	根据布局效果要求开发段位文字 span 节点样式
6	预览效果	保存代码，在浏览器中进行测试，查看页面布局和样式是否符合实训任务要求

五、实训错误记录

将实训过程中出现的错误及相应的错误原因、处理方法记录在表 5-1-3 中。

表 5-1-3 实训错误记录

序号	出现错误	错误原因	处理方法
1			
2			
3			
4			
5			

六、实训任务评价

实训任务完成后，以最终作品效果展示的形式在班级内展示学习成果。分别从专业能力、通用能力等维度，采用自我评价、学生互评、教师评价相结合的多元化评价方式，按表 5-1-4 所列评价项目完成实训评价。

表 5-1-4 实训评价

评价项目	评价要求	自我评价（占比 30%）	学生互评（占比 30%）	教师评价（占比 40%）
专业能力	能准确解读和分析实训任务（10 分）			
	能熟练使用开发工具（10 分）			

续表

评价项目	评价要求	自我评价（占比 30%）	学生互评（占比 30%）	教师评价（占比 40%）
专业能力	能按照要求完成布局开发（20 分）			
	能按照要求完成样式开发（20 分）			
通用能力	遵守纪律，遵守学习场所管理规定，听从管理人员安排（10 分）			
	积极主动学习，按要求参加教师安排的实训任务（10 分）			
	具有团队合作意识，注重沟通，自主探究并相互协作（10 分）			
	有安全意识、责任意识、6S 管理意识，注重节约、节能和环保（10 分）			
综合得分				

七、知识巩固与练习

1. 在 HTML 文档中，（　　）标签用于定义一个段落。

A. <div>　　B. <p>　　C. <span>　　D. <body>

2. 在 CSS 中，margin 属性主要用于定义元素的（　　）。

A. 内边距　　B. 边框　　C. 外边距　　D. 背景颜色

3. 在 CSS 中，（　　）可设置元素的文字颜色为红色。

A. color:#FF0000　　B. color:red

C. background-color:#FF0000　　D. 选项 A 和 B 都正确

4.（　　）属性可以用来在网页中设置字体大小。

A. font-size　　B. text-size　　C. type-size　　D. letter-size

5. 在 HTML 文档中，<span> 标签的主要用途是（　　）。

A. 定义一个独立的文本或图片区域

B. 定义一个段落

C. 为部分文本或内容添加样式或应用脚本

D. 创建一个标题

实训任务 2　开发段位更新函数

一、实训任务描述

本实训任务需要你开发段位更新函数，该函数能实现的功能为：判断用户当前得分，根据得分与段位、背景颜色的对应关系（见表 5-0-1）动态更新段位文字 span 节点的文字内容和背景颜色。

二、实训任务分析

本实训任务考查函数的定义与 DOM 元素的获取等。利用已学的知识和代码规范，在“script.js”文件中按照项目要求定义并开发指定函数、获取 DOM 元素、编写 if 分支语句，实现动态更新节点文本和背景颜色的效果。

在实训任务开始前，按照图 5-2-1 所示的思维导图复习教材中的知识点和技能点。

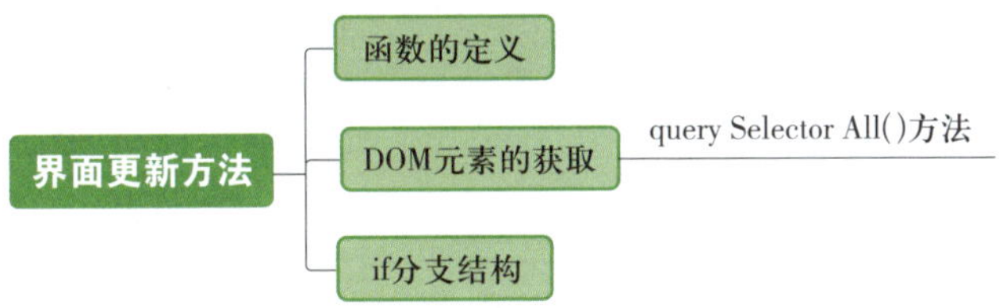

图 5-2-1　思维导图

三、实训计划制订

根据实训任务分析，完成实训计划的制订，填入表 5-2-1 中。

表 5-2-1　实训计划

序号	工作内容	所需时间
1		
2		
3		

续表

序号	工作内容	所需时间
4		
5		
6		
7		
8		

四、实训任务实施

按照表 5-2-2 所列的操作步骤和操作要点，完成本实训任务。

表 5-2-2　操作步骤和操作要点

序号	操作步骤	操作要点
1	导入项目文件	在开发工具中导入本书配套资源中的“2048”文件夹
2	定义段位更新函数	打开“script.js”文件，定义段位更新函数 updateLevel( )
3	获取段位文字 span 节点	在段位更新函数中，使用 getElementById( ) 函数，获取 id 为“spanLevel”的节点
4	编写 if 分支语句	根据用户当前得分判断当前段位，编写 if 分支语句
5	根据段位动态更新段位文字	在 if 分支语句中，根据条件表达式的判断结果，动态设置段位文字显示节点的文字内容
6	根据段位动态更新段位文字的背景颜色	在 if 分支语句中，根据条件表达式的判断结果，动态设置段位文字显示节点的背景颜色
7	预览效果	保存代码，在浏览器中进行测试，查看页面效果是否符合实训任务要求

五、实训错误记录

将实训过程中出现的错误及相应的错误原因、处理方法记录在表 5-2-3 中。

表 5-2-3　实训错误记录

序号	出现错误	错误原因	处理方法
1			
2			
3			
4			
5			

六、实训任务评价

实训任务完成后，以最终作品效果展示的形式在班级内展示学习成果。分别从专业能力、通用能力等维度，采用自我评价、学生互评、教师评价相结合的多元化评价方式，按表 5-2-4 所列评价项目完成实训评价。

表 5-2-4　实训评价

评价项目	评价要求	自我评价（占比 30%）	学生互评（占比 30%）	教师评价（占比 40%）
专业能力	能准确解读和分析实训任务（10 分）			
	能正确定义段位更新函数（10 分）			
	能在段位更新函数中正确获取段位文字显示节点（10 分）			
	能正确编写 if 分支语句代码（10 分）			
	能正确编写更新节点文字代码（10 分）			
	能正确编写更新节点背景颜色代码（10 分）			
通用能力	遵守纪律，遵守学习场所管理规定，听从管理人员安排（10 分）			

续表

评价项目	评价要求	自我评价（占比 30%）	学生互评（占比 30%）	教师评价（占比 40%）
通用能力	积极主动学习，按要求参加教师安排的实训任务（10 分）			
	具有团队合作意识，注重沟通，自主探究并相互协作（10 分）			
	有安全意识、责任意识、6S 管理意识，注重节约、节能和环保（10 分）			
综合得分				

七、知识巩固与练习

1. 下列定义函数的代码中，正确的是（　　）。

A. function sayHello( ){console.log("Hello");}

B. function sayHello( )->console.log("Hello");

C. sayHello( ){console.log("Hello");}

D. function sayHello( )=>console.log("Hello");

2. 下列代码中，（　　）可获取 id 为 “myDiv” 的 DOM 元素。

A. document.getElementById(myDiv)

B. document.getElementById("myDiv")

C. document.getElemById("myDiv")

D. document.queryElemById("myDiv")

3. 下列代码中，（　　）可以正确地使用 if 分支语句判断变量 age 的值是否大于 18。

A. if age>18 {console.log("成年人");}

B. if (age>18) console.log("成年人");

C. if (age>18) {console.log("成年人");}

D. if (age>18); {console.log("成年人");

4. 假设变量 score 的值是 10，下列代码中（　　）可以成功输出 “及格”。

A. if(score>=6) console.log("及格");

B. if(score==6) console.log("及格");

C. if(score<6) console.log("及格");

D. if(score!=6) console.log("及格");

5. 下列选项中，(　　) 可获取页面上所有 <p> 标签。

A. document.getElementById('p')

B. document.getElementsByClassName('p')

C. document.querySelectorAll('p')

D. document.querySelector('p')

实训任务 3　调用段位更新函数

一、实训任务描述

本实训任务需要你正确调用段位更新函数，实现用户得分变化时页面自动更新显示最新的段位文字并切换段位文字背景颜色的效果。

二、实训任务分析

本实训任务考查函数的调用等。利用已学的知识和代码规范，在“script.js”文件的逻辑处理代码对应位置调用所需的函数，并测试段位更新功能。

在实训任务开始前，按照图 5-3-1 所示的思维导图复习教材中的知识点和技能点。

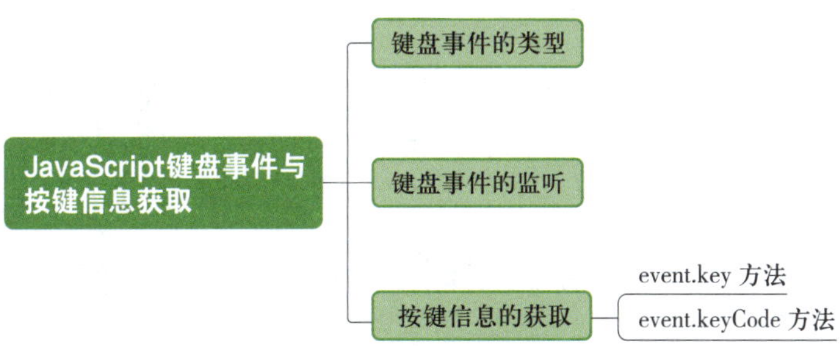

图 5-3-1　思维导图

三、实训计划制订

根据实训任务分析，完成实训计划的制订，填入表 5-3-1 中。

表 5-3-1　实训计划

序号	工作内容	所需时间
1		
2		
3		
4		
5		

四、实训任务实施

按照表 5-3-2 所列的操作步骤和操作要点，完成本实训任务。

表 5-3-2　操作步骤和操作要点

序号	操作步骤	操作要点
1	导入项目文件	在开发工具中导入本书配套资源中的“2048”文件夹
2	在分数更新函数中调用段位更新函数	打开“script.js”文件，在分数更新函数 updateScore( ) 中调用段位更新函数 updateLevel( )
3	在分数清零函数中调用段位更新函数	在分数清零函数 resetScore( ) 中调用段位更新函数 updateLevel( )
4	测试段位更新功能	保存代码，在浏览器中进行测试，测试游戏开始、游戏进行中、游戏重新开始后的段位文字及其背景颜色是否符合实训任务要求

五、实训错误记录

将实训过程中出现的错误及相应的错误原因、处理方法记录在表 5-3-3 中。

表 5-3-3　实训错误记录

序号	出现错误	错误原因	处理方法
1			
2			
3			
4			
5			

六、实训任务评价

实训任务完成后，以最终作品效果展示的形式在班级内展示学习成果。分别从专业能力、通用能力等维度，采用自我评价、学生互评、教师评价相结合的多元化评价方式，按表 5-3-4 所列评价项目完成实训评价。

表 5-3-4　实训评价

评价项目	评价要求	自我评价（占比 30%）	学生互评（占比 30%）	教师评价（占比 40%）
专业能力	能准确解读和分析实训任务（10 分）			
	能在分数更新函数中正确调用段位更新函数（10 分）			
	能在分数清零函数中正确调用段位更新函数（10 分）			
	能在游戏开始时正确显示段位文字及其背景颜色（10 分）			
	能在游戏进行中正确显示段位文字及其背景颜色（10 分）			

续表

评价项目	评价要求	自我评价（占比 30%）	学生互评（占比 30%）	教师评价（占比 40%）
专业能力	能在游戏重新开始后正确显示段位文字及其背景颜色（10 分）			
通用能力	遵守纪律，遵守学习场所管理规定，听从管理人员安排（10 分）			
	积极主动学习，按要求参加教师安排的实训任务（10 分）			
	具有团队合作意识，注重沟通，自主探究并相互协作（10 分）			
	有安全意识、责任意识、6S 管理意识，注重节约、节能和环保（10 分）			
综合得分				

七、知识巩固与练习

1. 下列选项中，（　　）正确地调用了一个名为 greet 的函数。

A. function greet( )　　B. call greet( )

C. greet( )　　D. greet

2. 下列选项中，（　　）正确地调用了一个带有两个参数的 add 函数。

A. add( )　　B. add(5;3)

C. add(5)　　D. add(5,3)

3. 假设定义了一个 multiply( ) 函数用于实现计算两个数字乘积的功能，下列选项中，（　　）可正确地调用此函数并打印结果。

A. console.log(multiply(2,3))　　B. console.log(multiply(2;3))

C. multiply(2,3); console.log( )　　D. console.log(multiply)

4. 假设定义了一个 sayHello( ) 函数用来接受一个名字作为参数，并打印一条问候信息，下列选项中，（　　）可正确地调用此函数。

A. sayHello(name)　　B. sayHello("Alice")

C. sayHello Alice　　　　D. sayHello "Alice"

5. 假设定义了一个 checkAge( ) 函数用来接受一个年龄参数，并判断该年龄是否大于等于 18 岁，下列选项中，(　　) 可正确地调用此函数，并将结果赋值给一个变量。

A. let result=checkAge(18)　　　　B. let result=checkAge

C. result=checkAge　　　　D. result=checkAge(18)

项目六　开发和升级企业门户网站

假设你是某科技公司的前端开发工程师，从公司项目部接受了一项开发和升级企业门户网站的任务，包括使用 Node.js 环境创建测试服务器，创建“团队介绍”页面、更新路由配置、更新页头导航布局、创建“成员信息”组件、开发“团队介绍”页面，以及升级“联系我们”页面，具体要求如下。

1. 使用 Node.js 内置的 HTTP 模块创建一个基本的 HTTP 服务器，以供后期内部扩展测试。

2. 创建“团队介绍”页面，更新路由配置。

3. 更新页头导航布局。

4. 创建“成员信息”组件。

5. 开发“团队介绍”页面，布局效果如图 6-0-1 所示。

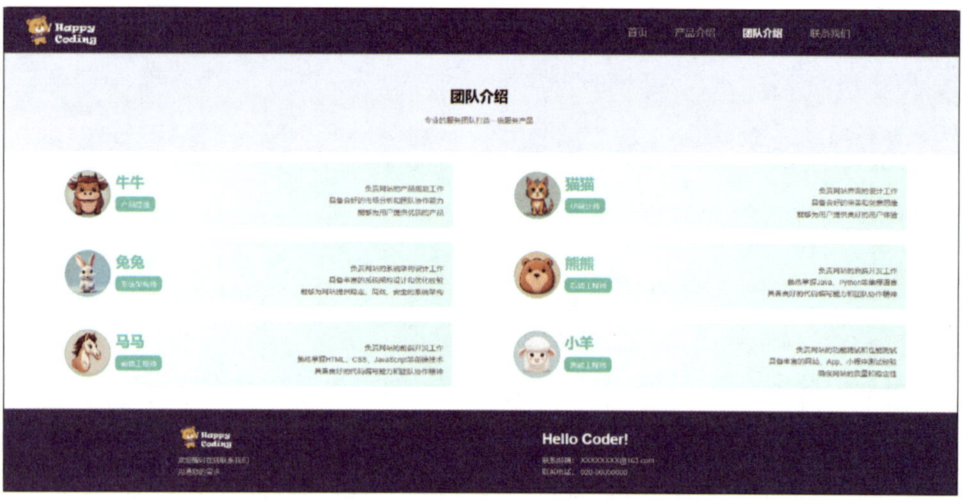

图 6-0-1　“团队介绍”页面布局效果

在所有页面头部链接布局中，增加“团队介绍”页面链接。首页头部链接布局效果如图 6-0-2 所示。

6. 升级“联系我们”页面，在页面中增加选择城市的功能，并在用户单击“发送”按钮时对用户输入和选择的内容进行判断。升级后的“联系我们”页面布局效果如图 6-0-3 所示。

图 6-0-2　首页头部链接布局效果

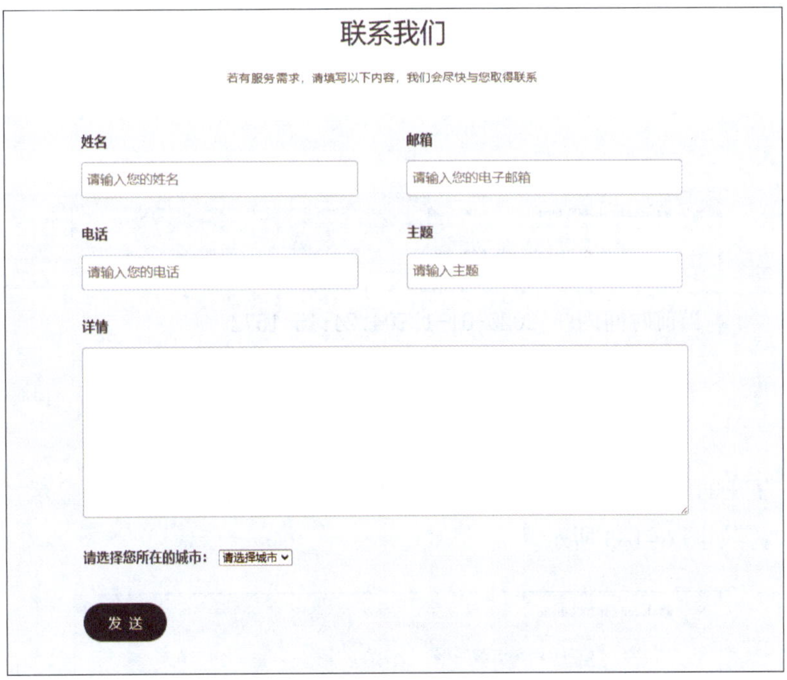

图 6-0-3　升级后的“联系我们”页面布局效果

实训任务 1 创建 Node.js 测试服务器

一、实训任务描述

本实训任务需要你使用 Node.js 内置的 HTTP 模块创建一个基本的 HTTP 服务器，具体要求如下。

1. 在项目目录中创建后台服务文件夹，创建 Node.js 测试服务器，将端口号设置为 3000。
2. 配置服务器根路径为 http://localhost:3000/，根路径页面显示内容如图 6-1-1 所示。

图 6-1-1　根路径页面显示内容

3. 配置时间显示页面路径为 http://localhost:3000/time，时间显示页面显示内容如图 6-1-2 所示。

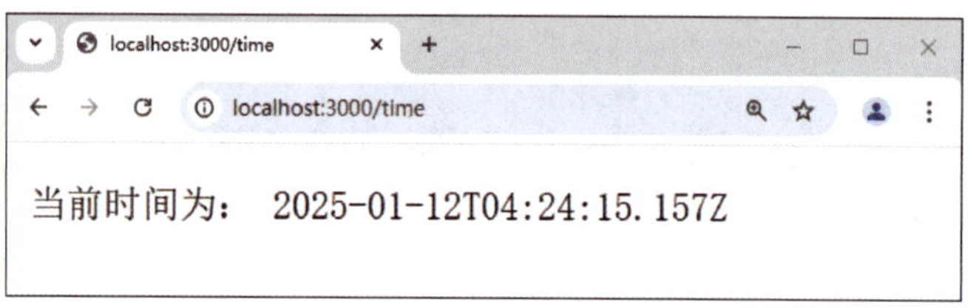

图 6-1-2　时间显示页面显示内容

4. 访问不存在的路径（http://localhost:3000/hello）时，需要在页面上显示“页面不存在”的提示，显示内容如图 6-1-3 所示。

图 6-1-3　访问不存在的路径时的显示内容

二、实训任务分析

本实训任务考查对 Node.js 环境的理解等。利用已学的知识和代码规范，新建一个后台服务文件夹，并使用 npm 命令初始化 HTTP 服务，在文件夹中创建服务器文件并编写相应的配置代码（具体操作步骤和说明见配套资源目录中的“Node 测试服务器开发说明 .txt”文件）。开发完成后，测试访问相应统一资源定位器（Uniform Resource Locator，简称 URL，俗称网址），确认服务器可正常运行。

在实训任务开始前，按照图 6-1-4 所示的思维导图复习教材中的知识点和技能点。

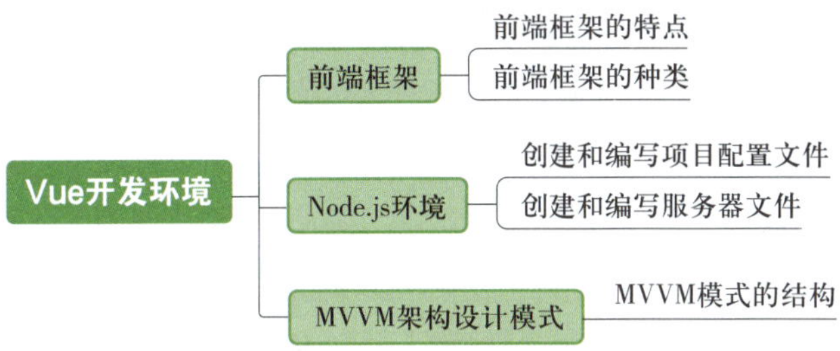

图 6-1-4　思维导图

三、实训计划制订

根据实训任务分析，完成实训计划的制订，填入表 6-1-1 中。

表 6-1-1　实训计划

序号	工作内容	所需时间
1		
2		
3		
4		
5		
6		
7		

四、实训任务实施

按照表 6–1–2 所列的操作步骤和操作要点，完成本实训任务。

表 6–1–2 操作步骤和操作要点

序号	操作步骤	操作要点
1	创建后台服务文件夹	在项目目录中创建“nodejs_test”文件夹
2	创建项目配置文件	打开命令行窗口，在“nodejs_test”目录中执行命令 npm init–y，创建 Node.js 项目配置文件
3	创建服务器文件	在“nodejs_test”目录中创建服务器文件“server.js”
4	编写服务器文件配置	在“server.js”文件中编写服务器配置相关代码
5	启动服务器	打开命令行窗口，在“nodejs_test”目录中执行命令 node server.js
6	测试服务器	在浏览器中访问相关 URL，测试服务器是否正常运行，访问根路径（http://localhost:3000）、时间显示页面路径（http://localhost:3000/time）、不存在的路径（http://localhost:3000/hello）时页面能否正常显示

五、实训错误记录

将实训过程中出现的错误及相应的错误原因、处理方法记录在表 6–1–3 中。

表 6–1–3 实训错误记录

序号	出现错误	错误原因	处理方法
1			
2			
3			
4			
5			

六、实训任务评价

实训任务完成后，以最终作品效果展示的形式在班级内展示学习成果。分别从专业能力、通用能力等维度，采用自我评价、学生互评、教师评价相结合的多元化评价方式，按表 6-1-4 所列评价项目完成实训评价。

表 6-1-4　实训评价

评价项目	评价要求	自我评价（占比 30%）	学生互评（占比 30%）	教师评价（占比 40%）
专业能力	能准确解读和分析实训任务（10 分）			
	能正确创建项目配置文件（20 分）			
	能正确创建并配置服务器文件（20 分）			
	能正确启动并测试服务器相关 URL（10 分）			
通用能力	遵守纪律，遵守学习场所管理规定，听从管理人员安排（10 分）			
	积极主动学习，按要求参加教师安排的实训任务（10 分）			
	具有团队合作意识，注重沟通，自主探究并相互协作（10 分）			
	有安全意识、责任意识、6S 管理意识，注重节约、节能和环保（10 分）			
综合得分				

七、知识巩固与练习

1. 在 Windows 系统中，使用（　　）命令可检查是否已成功安装了 Node.js 环境。

A. node–version　　B. npm list

C. node–h　　D. npm––help

2. 下列命令中，（　　）用于初始化 npm 项目并接受所有默认设置。

A. npm install-y　　B. npm create-y

C. npm init-y　　D. npm setup-y

3. “（　　）”文件用于定义项目的依赖和脚本等信息。

A. gitignore　　B. package.json　　C. node_modules　　D. app.js

4. 在 Node.js 环境中，“（　　）”模块用于处理 HTTP 请求。

A. http-server　　B. express　　C. http　　D. request

实训任务 2 创建“团队介绍”页面和更新路由配置

一、实训任务描述

本实训任务需要你在原有的企业门户网站中创建“团队介绍”页面，并在路由配置文件中更新相应的路由数据。

二、实训任务分析

本实训任务考查 Vue 项目的启动和初始化等。利用已学的知识和代码规范，启动项目，并在项目中新建页面组件和更新路由配置。

在实训任务开始前，按照图 6-2-1 所示的思维导图复习教材中的知识点和技能点。

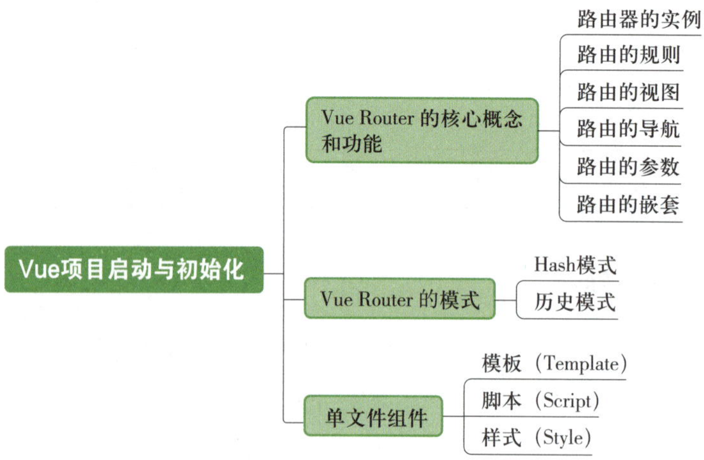

图 6-2-1　思维导图

三、实训计划制订

根据实训任务分析，完成实训计划的制订，填入表 6-2-1 中。

表 6-2-1　实训计划

序号	工作内容	所需时间
1		
2		
3		
4		
5		
6		
7		

四、实训任务实施

按照表 6-2-2 所列的操作步骤和操作要点，完成本实训任务。

表 6-2-2　操作步骤和操作要点

序号	操作步骤	操作要点
1	导入项目文件	在开发工具中导入本书配套资源中的“co_site_vue”文件夹
2	启动并预览项目	在命令行窗口中使用 npm run serve 命令启动项目后，使用浏览器预览项目
3	创建“团队介绍”页面	在“views”目录下新建“TeamView.vue”文件
4	初始化“团队介绍”页面代码	在“TeamView.vue”文件中先写入初始化代码 <template>团队介绍</template>，测试访问并防止项目编译报错
5	更新路由配置文件	打开“router”目录下的“index.js”文件，在 routes 数组中增加“团队介绍”页面的路由信息
6	预览效果	保存代码，在浏览器中进行测试，查看“团队介绍”页面（URL 地址示例：http://localhost:8080/#/team）效果是否符合实训任务要求

五、实训错误记录

将实训过程中出现的错误及相应的错误原因、处理方法记录在表 6-2-3 中。

表 6-2-3　实训错误记录

序号	出现错误	错误原因	处理方法
1			
2			
3			
4			
5			

六、实训任务评价

实训任务完成后，以最终作品效果展示的形式在班级内展示学习成果。分别从专业能力、通用能力等维度，采用自我评价、学生互评、教师评价相结合的多元化评价方式，按表 6-2-4 所列评价项目完成实训评价。

表 6-2-4　实训评价

评价项目	评价要求	自我评价（占比 30%）	学生互评（占比 30%）	教师评价（占比 40%）
专业能力	能准确解读和分析实训任务（10 分）			
	能熟练在开发工具中导入并启动项目（10 分）			
	能按照实训任务要求创建新的页面（20 分）			
	能按照实训任务要求更新路由配置文件（20 分）			
通用能力	遵守纪律，遵守学习场所管理规定，听从管理人员安排（10 分）			

续表

评价项目	评价要求	自我评价（占比 30%）	学生互评（占比 30%）	教师评价（占比 40%）
通用能力	积极主动学习，按要求参加教师安排的实训任务（10 分）			
	具有团队合作意识，注重沟通，自主探究并相互协作（10 分）			
	有安全意识、责任意识、6S 管理意识，注重节约、节能和环保（10 分）			
综合得分				

七、知识巩固与练习

1. 在 Vue CLI 中，（　　）命令可以创建一个新的 Vue 项目。

A. vue new project-name

B. npm install vue

C. vue create project-name

D. npm start project-name

2. 在单文件组件中，（　　）标签用于定义组件的 HTML 结构。

A. <script>　　B. <template>

C. <style>　　D. <component>

3. 在单文件组件中，（　　）标签用于编写组件的 JavaScript 逻辑。

A. <script>　　B. <template>

C. <style>　　D. <js>

4. 在单文件组件中，若需要让样式只作用于当前组件内部，应该在 <style> 标签中添加（　　）属性。

A. scoped　　B. local

C. module　　D. inner

5. 在 Vue Router 中定义路由时，（　　）属性用于指定与组件关联的路径。

A. path　　B. component

C. route　　D. link

实训任务 3　更新页头导航布局

一、实训任务描述

本实训任务需要你在原页头导航布局中增加“团队介绍”页面的链接，并在刷新项目后单击各导航链接，测试它们能否正确跳转至目标页面。

二、实训任务分析

本实训任务考查对 Vue 根组件的开发等。利用已学的知识和代码规范，使用 <router-link> 标签设置路由链接，并正确进行测试。

在实训任务开始前，按照图 6-3-1 所示的思维导图复习教材中的知识点和技能点。

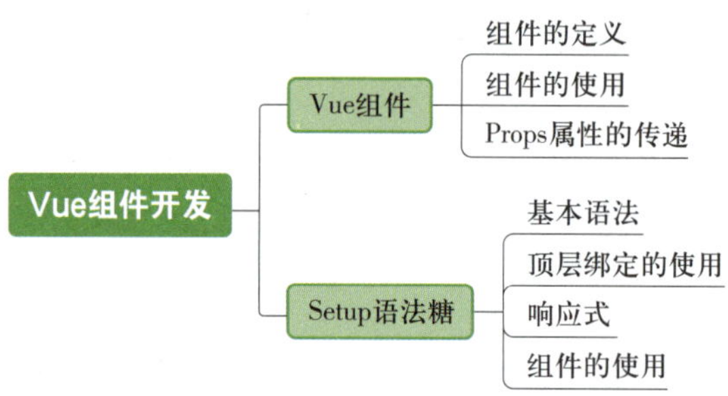

图 6-3-1　思维导图

三、实训计划制订

根据实训任务分析，完成实训计划的制订，填入表 6-3-1 中。

表 6-3-1　实训计划

序号	工作内容	所需时间
1		
2		
3		

续表

序号	工作内容	所需时间
4		
5		
6		

四、实训任务实施

按照表 6-3-2 所列的操作步骤和操作要点，完成本实训任务。

表 6-3-2　操作步骤和操作要点

序号	操作步骤	操作要点
1	导入项目文件	在开发工具中导入本书配套资源中的“co_site_vue”文件夹
2	启动并预览项目	在命令行窗口中使用 npm run serve 命令启动项目后，使用浏览器预览项目
3	更新根组件代码	在“App.vue”根组件文件的头部导航链接布局中加入链接，并将链接指向“团队介绍”页面
4	测试并确认“团队介绍”页面链接显示正确	刷新项目后，确认“团队介绍”页面链接在各页面中均显示正确
5	测试并确认“团队介绍”页面链接跳转正确	刷新项目后，确认各页面的链接均可正确跳转到对应页面

五、实训错误记录

将实训过程中出现的错误及相应的错误原因、处理方法记录在表 6-3-3 中。

表 6-3-3　实训错误记录

序号	出现错误	错误原因	处理方法
1			
2			

续表

序号	出现错误	错误原因	处理方法
3			
4			
5			

六、实训任务评价

实训任务完成后，以最终作品效果展示的形式在班级内展示学习成果。分别从专业能力、通用能力等维度，采用自我评价、学生互评、教师评价相结合的多元化评价方式，按表 6-3-4 所列评价项目完成实训评价。

表 6-3-4 实训评价

评价项目	评价要求	自我评价（占比 30%）	学生互评（占比 30%）	教师评价（占比 40%）
专业能力	能准确解读和分析实训任务（10 分）			
	能熟练在开发工具中导入并启动项目（10 分）			
	能正确显示“团队介绍”页面导航链接（20 分）			
	能设置各导航链接跳转到正确页面（20 分）			
通用能力	遵守纪律，遵守学习场所管理规定，听从管理人员安排（10 分）			
	积极主动学习，按要求参加教师安排的实训任务（10 分）			
	具有团队合作意识，注重沟通，自主探究并相互协作（10 分）			
	有安全意识、责任意识、6S 管理意识，注重节约、节能和环保（10 分）			
综合得分				

七、知识巩固与练习

1. 在单文件组件中，根组件的默认文件名通常为“(　　)”。

A. Main.vue　　B. Root.vue　　C. App.vue　　D. Index.vue

2. 根组件文件包含（　　）内容。

A. 只有 <script> 和 <style>

B. 只有 <template> 和 <script>

C. <template><script> 和 <style>

D. 只有 <template>

3. 在 Vue Router 中，可使用（　　）标签创建路由的导航链接。

A. <router-link>　　B. <router-view>

C. <router-component>　　D. <router-outlet>

4. Vue Router 提供的 <router-link> 标签在页面中将被渲染成（　　）标签。

A. <button>　　B. <a>　　C. <span>　　D. <div>

5. 在 Vue 3 中，<script setup> 语法可（　　）。

A. 提供一种方式来定义组件的生命周期钩子

B. 提供一种更简洁的方式来编写组件逻辑，减少样板代码

C. 定义组件的样式

D. 定义组件的模板结构

实训任务 4　创建“成员信息”组件

一、实训任务描述

本实训任务需要你创建“成员信息”组件，该组件将在后续的实训任务中由“团队介绍”页面调用。“团队介绍”页面在循环调用“成员信息”组件的同时，传入不同的 Props 属性，从而动态渲染出多个团队成员的介绍信息。“成员信息”组件的布局效果如图 6-4-1 所示。

图 6-4-1　“成员信息”组件的布局效果

二、实训任务分析

本实训任务考查在 Vue 项目中创建和使用组件的技术等。利用已学的知识和代码规范，正确导入图片资源，创建组件并编写组件脚本和布局样式。

在实训任务开始前，按照图 6-4-2 所示的思维导图复习教材中的知识点和技能点。

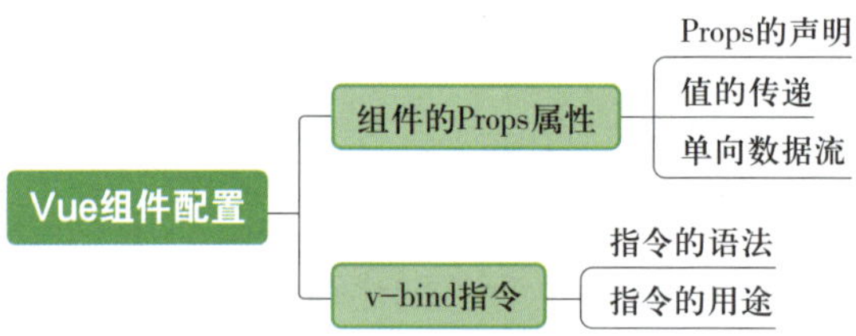

图 6-4-2　思维导图

三、实训计划制订

根据实训任务分析，完成实训计划的制订，填入表 6-4-1 中。

表 6-4-1　实训计划

序号	工作内容	所需时间
1		
2		
3		
4		
5		
6		
7		

四、实训任务实施

按照表 6-4-2 所列的操作步骤和操作要点，完成本实训任务。

表 6-4-2　操作步骤和操作要点

序号	操作步骤	操作要点
1	导入项目文件	在开发工具中导入本书配套资源中的“co_site_vue”文件夹
2	启动并预览项目	在命令行窗口中使用 npm run serve 命令启动项目后，使用浏览器预览项目
3	导入图片资源	将新增的头像图片文件导入“public”文件夹的“images”目录中
4	创建组件文件	在“components”目录中新建“CompItemTeamMembers.vue”文件
5	编写组件脚本代码	在“CompItemTeamMembers.vue”文件中添加 <script> 标签，并定义接收 name、imgUrl、job、introduction 属性
6	编写组件布局样式代码	在“CompItemTeamMembers.vue”文件中添加 <template> 标签和 <style> 标签，并按照布局效果的内容编写布局样式代码

五、实训错误记录

将实训过程中出现的错误及相应的错误原因、处理方法记录在表 6-4-3 中。

表 6-4-3　实训错误记录

序号	出现错误	错误原因	处理方法
1			
2			
3			
4			
5			

六、实训任务评价

实训任务完成后，以最终作品效果展示的形式在班级内展示学习成果。分别从专业能力、通用能力等维度，采用自我评价、学生互评、教师评价相结合的多元化评价方式，按表 6-4-4 所列评价项目完成实训评价。

表 6-4-4　实训评价

评价项目	评价要求	自我评价（占比 30%）	学生互评（占比 30%）	教师评价（占比 40%）
专业能力	能准确解读和分析实训任务（10 分）			
	能熟练在开发工具中导入并启动项目（10 分）			
	能正确导入头像图片资源（10 分）			
	能正确创建组件文件（10 分）			
	能正确编写组件脚本代码（10 分）			
	能正确编写组件布局样式代码（10 分）			
通用能力	遵守纪律，遵守学习场所管理规定，听从管理人员安排（10 分）			
	积极主动学习，按要求参加教师安排的实训任务（10 分）			
	具有团队合作意识，注重沟通，自主探究并相互协作（10 分）			
	有安全意识、责任意识、6S 管理意识，注重节约、节能和环保（10 分）			
综合得分				

七、知识巩固与练习

1. 在 Vue.js 框架中，通常在“(　　)”目录中定义组件。

A. assets　　B. components　　C. views　　D. router

2. 在 Vue.js 框架中，(　　) 可将数据从父组件传递至子组件。

A. 使用 props 选项　　B. 直接在子组件中进行访问

C. 使用 state 管理　　D. 通过 methods 方法

3. 在 Vue.js 框架中，(　　) 可定义组件模板。

A. data　　B. template　　C. methods　　D. computed

4. 在 <script setup> 语法中，使用（　　）可接收父组件传来的属性（prop）。

A. defineProps　　B. props

C. emit　　D. setup

5. 在组件文件中，使用（　　）标签可设置样式仅在当前组件中生效。

A. 不需要设置　　B. <style module>

C. <style>　　D. <style scoped>

实训任务 5　开发“团队介绍”页面

一、实训任务描述

本实训任务需要你按照图 6-0-1 的布局效果开发“团队介绍”页面，在 <script> 标签中定义团队成员信息数组，然后在 <template> 模板标签中使用 v-for 指令，根据团队成员信息数组的内容动态调用和渲染“成员信息”组件。

二、实训任务分析

本实训任务考查在 Vue 项目中变量的定义和绑定、v-for 指令等。利用已学的知识和代码规范，在 <script> 标签中定义数组，在 <template> 模板标签中使用 v-for 指令循环渲染页面，从父组件向子组件传递 Props 属性。

在实训任务开始前，按照图 6-5-1 所示的思维导图复习教材中的知识点和技能点。

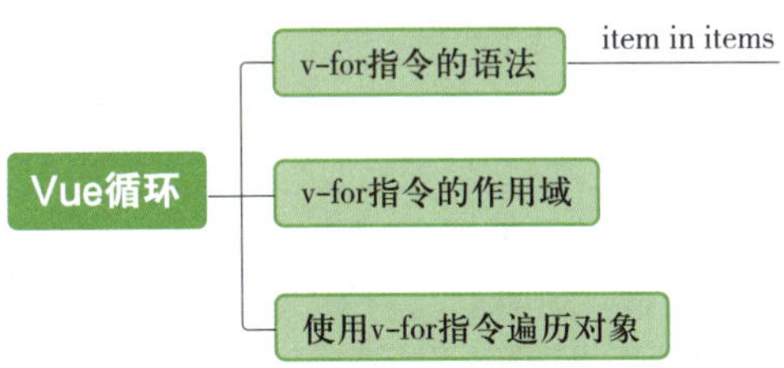

图 6-5-1　思维导图

三、实训计划制订

根据实训任务分析，完成实训计划的制订，填入表 6-5-1 中。

表 6-5-1　实训计划

序号	工作内容	所需时间
1		
2		
3		
4		
5		
6		
7		

四、实训任务实施

按照表 6-5-2 所列的操作步骤和操作要点，完成本实训任务。

表 6-5-2　操作步骤和操作要点

序号	操作步骤	操作要点
1	导入项目文件	在开发工具中导入本书配套资源中的“co_site_vue”文件夹
2	启动并预览项目	在命令行窗口中使用 npm run serve 命令启动项目后，使用浏览器预览项目
3	引入“成员信息”组件	在“views”目录下“TeamView.vue”文件的 <script> 标签中引入“成员信息”组件（“CompItemTeamMembers.vue”文件）
4	定义团队成员信息数组	在页面的 <script> 标签中定义团队成员信息数组“arrTeamMembers”
5	使用 v-for 指令渲染组件	在页面的 <template> 模板标签中使用 v-for 指令，根据团队成员信息数组循环调用“成员信息”组件
6	向子组件动态传入 Props 属性	根据团队成员信息数组，向“成员信息”组件动态传入 Props 属性

五、实训错误记录

将实训过程中出现的错误及相应的错误原因、处理方法记录在表 6-5-3 中。

表 6-5-3 实训错误记录

序号	出现错误	错误原因	处理方法
1			
2			
3			
4			
5			

六、实训任务评价

实训任务完成后，以最终作品效果展示的形式在班级内展示学习成果。分别从专业能力、通用能力等维度，采用自我评价、学生互评、教师评价相结合的多元化评价方式，按表 6-5-4 所列评价项目完成实训评价。

表 6-5-4 实训评价

评价项目	评价要求	自我评价（占比 30%）	学生互评（占比 30%）	教师评价（占比 40%）
专业能力	能准确解读和分析实训任务（10 分）			
	能正确引入“成员信息”组件（10 分）			
	能在 <script> 标签中正确定义团队成员信息数组（10 分）			
	能使用 v-for 指令渲染“成员信息”组件（10 分）			
	能正确向“成员信息”组件传入 Props 属性（10 分）			
	能根据布局效果要求完成“团队介绍”页面的整体布局（10 分）			
通用能力	遵守纪律，遵守学习场所管理规定，听从管理人员安排（10 分）			
	积极主动学习，按要求参加教师安排的实训任务（10 分）			

续表

评价项目	评价要求	自我评价（占比 30%）	学生互评（占比 30%）	教师评价（占比 40%）
通用能力	具有团队合作意识，注重沟通，自主探究并相互协作（10 分）			
	有安全意识、责任意识、6S 管理意识，注重节约、节能和环保（10 分）			
综合得分				

七、知识巩固与练习

1. 在 Vue 项目中，可（　　）引入组件。

A. 使用 import 语句　　B. 使用 require 语句

C. 在 HTML 文件中直接引用　　D. 使用 export 语句

2. 在 Vue 项目中，使用 v-for 指令遍历数组时，下列（　　）语句能够获取当前项的索引。

A. v-for="item in items"　　B. v-for="(item,index) in items"

C. v-for="index of items"　　D. v-for="item of items"

3. 在 Vue 项目中，如果需要在列表中显示数组元素，应该使用（　　）指令。

A. v-if　　B. v-show

C. v-for　　D. v-bind

4. 在 Vue 项目中，当需要向一个组件传递多个属性时，不能实现定义属性的方法是（　　）。

A. 在子组件中使用 defineProps:['prop1', 'prop2'] 定义

B. 在子组件中使用 defineProps:{prop1:String,prop2:Number} 定义

C. 在父组件中直接通过 <component prop1="value1" prop2="value2"> 传递

D. 使用 v-if 指令传递

5. 在 Vue 项目中，使用（　　）可在模板中插入纯文本。【多选题】

A. v-text 指令　　B. {{ }} 插值表达式

C. v-html 指令　　D. v-bind 指令

6. 在使用 <script setup> 语法的 Vue 组件中，使用（　　）可以访问父组件传递的属性。

A. this.$parent.propName　　B. this.propName

C. this.$props.propName　　D. props.propName

实训任务 6　升级“联系我们”页面

一、实训任务描述

本实训任务需要你在“联系我们”页面中增加选择城市功能，系统在用户单击“发送”按钮时，对用户输入和选择的内容进行判断。升级后的“联系我们”页面布局效果如图 6-0-3 所示，具体要求如下。

1. 在“联系我们”页面中增加“请选择您所在的城市”下拉菜单，下拉选项中的城市包括“北京”“上海”“广州”“深圳”“杭州”等。

2. 系统在用户单击“发送”按钮时，对输入和选择的内容进行判断，若某个内容为空，则弹窗提示（如“请输入电话”“请选择城市”等）。

二、实训任务分析

本实训任务考查使用 v-model 指令绑定数据，使用 v-on 指令监听和处理 DOM 事件等。利用已学的知识和代码规范，定义城市选项所需的响应式变量和数组，在网页布局中增加下拉菜单数组并使用 v-model 指令进行双向绑定；在“发送”按钮的 onBtnSendMsg( ) 单击处理函数中添加判断变量的相关代码。

在实训任务开始前，按照图 6-6-1 所示的思维导图复习教材中的知识点和技能点。

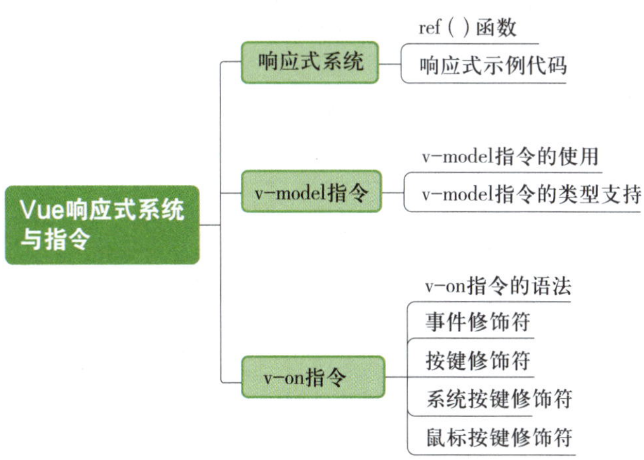

图 6-6-1　思维导图

三、实训计划制订

根据实训任务分析，完成实训计划的制订，填入表 6-6-1 中。

表 6-6-1　实训计划

序号	工作内容	所需时间
1		
2		
3		
4		
5		
6		
7		

四、实训任务实施

按照表 6-6-2 所列的操作步骤和操作要点，完成本实训任务。

表 6-6-2　操作步骤和操作要点

序号	操作步骤	操作要点
1	导入项目文件	在开发工具中导入本书配套资源中的“co_site_vue”文件夹
2	启动并预览项目	在命令行窗口中使用 npm run serve 命令启动项目后，使用浏览器预览项目
3	定义变量	在“views”目录下的“ContactView.vue”文件中定义响应式变量 selectedCity 和数组变量 cityList
4	修改布局	在页面的 <template> 模板标签中添加 select 元素，使用 v-model 指令绑定 selectedCity 变量，并使用 v-for 指令绑定城市选项数组
5	修改单击处理函数	在 onBtnSendMsg( ) 单击处理函数中增加判断变量的相关代码，更新相关提示字符串内容
6	预览效果	保存代码，在浏览器中进行测试，查看本页面交互功能是否符合实训任务要求

五、实训错误记录

将实训过程中出现的错误及相应的错误原因、处理方法记录在表 6–6–3 中。

表 6–6–3　实训错误记录

序号	出现错误	错误原因	处理方法
1			
2			
3			
4			
5			

六、实训任务评价

实训任务完成后，以最终作品效果展示的形式在班级内展示学习成果。分别从专业能力、通用能力等维度，采用自我评价、学生互评、教师评价相结合的多元化评价方式，按表 6–6–4 所列评价项目完成实训评价。

表 6–6–4　实训评价

评价项目	评价要求	自我评价（占比 30%）	学生互评（占比 30%）	教师评价（占比 40%）
专业能力	能准确解读和分析实训任务（10 分）			
	能正确定义变量（10 分）			
	能正确修改布局并绑定相应变量（20 分）			
	能正确修改单击处理函数，判断用户输入和选择的内容（20 分）			
通用能力	遵守纪律，遵守学习场所管理规定，听从管理人员安排（10 分）			
	积极主动学习，按要求参加教师安排的实训任务（10 分）			

续表

评价项目	评价要求	自我评价（占比 30%）	学生互评（占比 30%）	教师评价（占比 40%）
通用能力	具有团队合作意识，注重沟通，自主探究并相互协作（10 分）			
	有安全意识、责任意识、6S 管理意识，注重节约、节能和环保（10 分）			
综合得分				

七、知识巩固与练习

1. 在 Vue 项目中，（　　）指令可实现双向数据绑定。

A. v-bind　　B. v-model　　C. v-html　　D. v-text

2. 下列代码中，（　　）可正确使用 v-model 指令将输入框绑定至 Vue 实例的数据属性中。

A. <input type="text" v-model="message">

B. <input type="text" v-bind="message">

C. <input type="text" v-on:input="message">

D. <input type="text" :value="message">

3. 在 Vue 项目中，（　　）指令可实现 DOM 事件监听。

A. v-if　　B. v-show　　C. v-on　　D. v-bind

4. 下列代码中，（　　）可监听按钮单击事件并调用 submitForm( ) 方法。

A. <button @click="submitForm( )"> 提交 </button>

B. <button v-on:click="submitForm( )"> 提交 </button>

C. <button @click="submitForm"> 提交 </button>

D. 以上选项都可以

5. 若需要将一个复选框的状态绑定至一个布尔值，代码应为（　　）。

A. <input type="checkbox" v-model="isChecked">

B. <input type="checkbox" v-model="isChecked.value">

C. <input type="checkbox" :checked="isChecked">

D. <input type="checkbox" @change="updateChecked">

项目七　开发和升级电商网站

假设你是某科技公司的 Web 前端开发工程师，从公司项目部接受了一项开发和升级电商网站的任务。该电商网站已成功上线运营，网站使用 Vue 框架开发前端页面，使用页面超文本预处理器（Page Hypertext Preprocessor，PHP）和 MySQL 开发后台接口与数据库，网站现有页面包括首页、“商品列表”“商品详情”和“购物车”等页面。

为了丰富网站内容，达到更好的运营效果，现需要你对网站进行开发和升级，本次升级的 UI 效果图已经完成，后端开发工程师也已完成后台接口和数据库的升级开发，具体要求如下。

1. 为网站增加“资讯列表”页面，布局效果如图 7-0-1 所示。

图 7-0-1 “资讯列表”页面布局效果

2. 为网站增加“资讯详情”页面，布局效果如图 7-0-2 所示。

3. 在所有页面头部链接布局中，增加“资讯”页面链接。首页头部链接布局效果如图 7-0-3 所示。

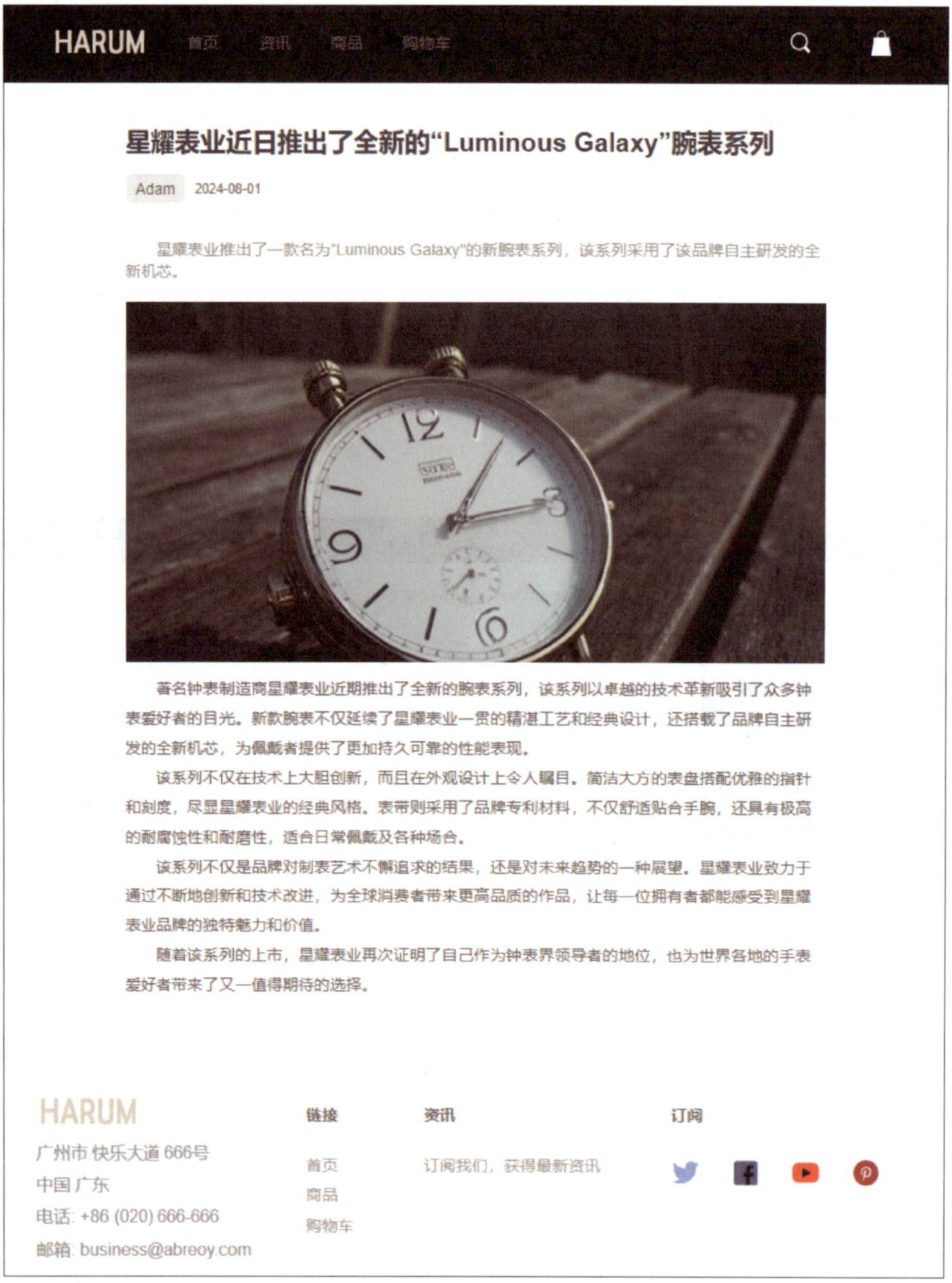

图 7-0-2 “资讯详情”页面布局效果

图 7-0-3 首页头部链接布局效果

实训任务 1 搭建和测试后台接口环境

一、实训任务描述

本实训任务需要你使用后端开发工程师提供的 PHP 接口文件和 MySQL 脚本文件，自行部署开发测试时所需的后台接口和数据，并使用浏览器等工具测试接口是否可以被正常访问，以及返回的数据内容是否正确。

二、实训任务分析

本实训任务考查 PHP 和 MySQL 的基本配置等。利用已学的知识和代码规范，正确部署 PHP 接口程序并启动后台服务，在 MySQL 数据库中导入数据，并进行后台接口测试。

在实训任务开始前，按照图 7-1-1 所示的思维导图复习教材中的知识点和技能点。

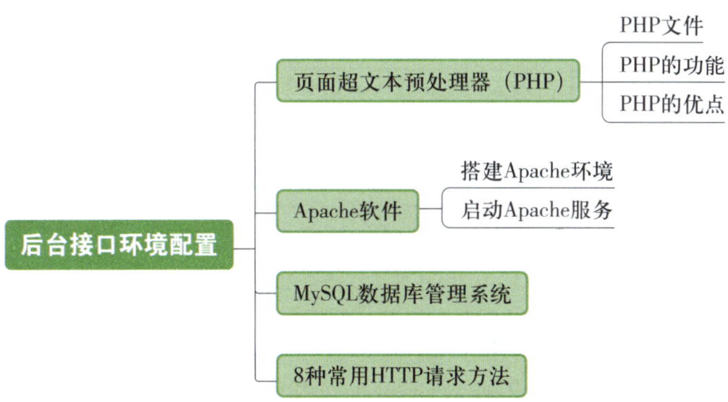

图 7-1-1 思维导图

三、实训计划制订

根据实训任务分析，完成实训计划的制订，填入表 7-1-1 中。

表 7-1-1　实训计划

序号	工作内容	所需时间
1		
2		
3		
4		
5		
6		

四、实训任务实施

按照表 7-1-2 所列的操作步骤和操作要点，完成本实训任务。

表 7-1-2　操作步骤和操作要点

序号	操作步骤	操作要点
1	启动后台环境	在 PHP 服务器组件（如 XAMPP 等）中启动 Apache 和 MySQL 服务
2	在 MySQL 数据库中导入数据	在 MySQL 数据库中创建“db_watchshop”数据库，并导入后端开发工程师提供的“db_watchshop.sql”脚本
3	部署测试接口	将后端开发工程师提供的 PHP 接口代码文件夹（名称示例：watchshopapi）部署至 Apache 服务器目录中（地址示例：D：\xampp\htdocs）
4	测试“获取资讯列表”接口	使用浏览器等工具请求“获取资讯列表”接口（地址示例：http：//localhost/watchshopapi/getBlogList.php），确认是否能够正确返回数据
5	测试“获取资讯详情”接口	使用浏览器等工具请求“获取资讯详情”接口（地址示例：http：//localhost/watchshopapi/getBlogDetail.php?id=1），确认是否能够正确返回数据

五、实训错误记录

将实训过程中出现的错误及相应的错误原因、处理方法记录在表 7-1-3 中。

表 7-1-3　实训错误记录

序号	出现错误	错误原因	处理方法
1			
2			
3			
4			
5			

六、实训任务评价

实训任务完成后，以最终作品效果展示的形式在班级内展示学习成果。分别从专业能力、通用能力等维度，采用自我评价、学生互评、教师评价相结合的多元化评价方式，按表 7-1-4 所列评价项目完成实训评价。

表 7-1-4　实训评价

评价项目	评价要求	自我评价（占比 30%）	学生互评（占比 30%）	教师评价（占比 40%）
专业能力	能准确解读和分析实训任务（10 分）			
	能正确启动 Apache 和 MySQL 服务（10 分）			
	能正确在 MySQL 数据库中导入数据（10 分）			
	能正确部署 PHP 后台接口（10 分）			
	能正确测试“获取资讯列表”接口（10 分）			
	能正确测试“获取资讯详情”接口（10 分）			
通用能力	遵守纪律，遵守学习场所管理规定，听从管理人员安排（10 分）			
	积极主动学习，按要求参加教师安排的实训任务（10 分）			

续表

评价项目	评价要求	自我评价（占比 30%）	学生互评（占比 30%）	教师评价（占比 40%）
通用能力	具有团队合作意识，注重沟通，自主探究并相互协作（10 分）			
	有安全意识、责任意识、6S 管理意识，注重节约、节能和环保（10 分）			
综合得分				

七、知识巩固与练习

1. 在 Web 开发中，通常用（　　）来发送 HTTP 请求。

A. GET　　B. POST

C. PUT　　D. 以上选项都对

2. 下列选项中，HTTP 状态码（　　）表示请求成功。

A. 200 OK　　B. 404 Not Found

C. 500 Internal Server Error　　D. 301 Moved Permanently

3. 下列选项中，（　　）能够在 PHP 中输出 "Hello World!"。【多选题】

A. print("Hello World!");　　B. console.log("Hello World!");

C. alert("Hello World!");　　D. echo "Hello World!";

4. PHP 定义变量以（　　）开始。

A. var　　B. let　　C. dim　　D. $

5. 若要查询表中所有记录，应使用（　　）语句。

A. SELECT * FROM table_name;

B. SELECT ALL FROM table_name;

C. GET * FROM table_name;

D. QUERY * FROM table_name;

6. 在 SQL 语句中，用于插入数据的关键字是（　　）。

A. UPDATE　　B. INSERT INTO

C. DELETE　　D. SELECT

实训任务 2　创建页面和更新路由配置

一、实训任务描述

本实训任务需要你在原有的使用 Vue 框架开发的电商网站中新建“资讯列表”和“资讯详情”页面，并在路由配置文件中更新相应的路由数据。

二、实训任务分析

本实训任务考查在 Vue 项目中创建页面和配置路由，利用已学的知识和代码规范，启动项目，在项目中新建页面组件和更新路由配置。

在实训任务开始前，按照图 7-2-1 所示的思维导图复习教材中的知识点和技能点。

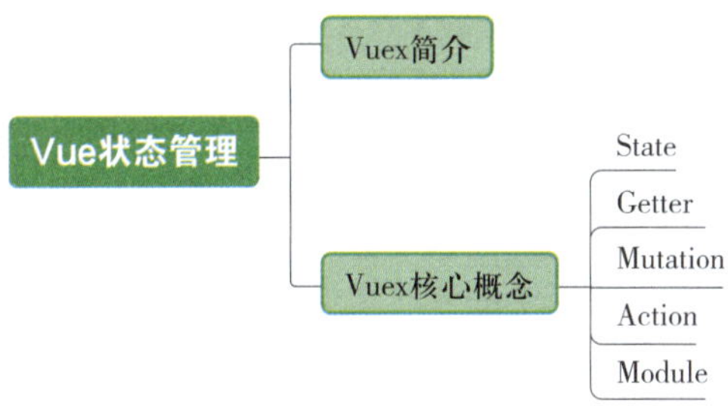

图 7-2-1　思维导图

三、实训计划制订

根据实训任务分析，完成实训计划的制订，填入表 7-2-1 中。

表 7-2-1　实训计划

序号	工作内容	所需时间
1		
2		
3		
4		

续表

序号	工作内容	所需时间
5		
6		
7		

四、实训任务实施

按照表 7-2-2 所列的操作步骤和操作要点，完成本实训任务。

表 7-2-2　操作步骤和操作要点

序号	操作步骤	操作要点
1	导入项目文件	在开发工具中导入本书配套资源中的“watch_shop_vue”文件夹
2	启动并预览项目	在命令行窗口中使用 npm run serve 命令启动项目后，使用浏览器预览项目
3	创建“资讯列表”和“资讯详情”页面	在“views”目录下新建“BlogsView.vue”和“BlogDetailView.vue”文件
4	初始化“资讯列表”和“资讯详情”页面	在“BlogsView.vue”文件中预先写入初始化代码 <template> 资讯列表 </template>，在“BlogDetailView.vue”文件中预先写入初始化代码 <template> 资讯详情 </template>，进行访问测试并防止项目编译报错
5	更新路由配置文件	打开“router”目录下的“index.js”文件，在“routes”数组中增加“资讯列表”和“资讯详情”页面的路由信息
6	预览效果	保存代码，在浏览器中进行测试，查看“资讯列表”页面（地址示例：http://localhost:8080/#/blogs）和“资讯详情”页面（地址示例：http://localhost:8080/#/blogsdetail?blogid=1）的效果是否符合实训任务要求

五、实训错误记录

将实训过程中出现的错误及相应的错误原因、处理方法记录在表 7-2-3 中。

表 7-2-3 实训错误记录

序号	出现错误	错误原因	处理方法
1			
2			
3			
4			
5			

六、实训任务评价

实训任务完成后，以最终作品效果展示的形式在班级内展示学习成果。分别从专业能力、通用能力等维度，采用自我评价、学生互评、教师评价相结合的多元化评价方式，按表 7-2-4 所列评价项目完成实训评价。

表 7-2-4 实训评价

评价项目	评价要求	自我评价（占比 30%）	学生互评（占比 30%）	教师评价（占比 40%）
专业能力	能准确解读和分析实训任务（10 分）			
	能熟练在开发工具中导入并启动项目（10 分）			
	能按照实训任务要求创建“资讯列表”和“资讯详情”页面（20 分）			
	能按照实训任务要求更新路由配置文件（20 分）			
通用能力	遵守纪律，遵守学习场所管理规定，听从管理人员安排（10 分）			
	积极主动学习，按要求参加教师安排的实训任务（10 分）			

续表

评价项目	评价要求	自我评价（占比 30%）	学生互评（占比 30%）	教师评价（占比 40%）
通用能力	具有团队合作意识，注重沟通，自主探究并相互协作（10 分）			
	有安全意识、责任意识、6S 管理意识，注重节约、节能和环保（10 分）			
综合得分				

七、知识巩固与练习

1. 在 Vue 项目中，“views”文件夹通常用于存放（　　）文件。

A. 路由配置　　B. 主布局　　C. 组件　　D. 样式

2. 在 Vue 3 中，使用（　　）可以定义一个响应式属性。

A. let　　B. const　　C. var　　D. ref

3. 在 URL 中，如果需要传递一个名为 color、值为 red 的参数，正确的表示形式是（　　）。

A. color:red　　B. color=red　　C. color=red&　　D. color=red#

4. 如果需要在 URL 中添加多个参数，参数之间通常使用（　　）符号分隔。

A. &　　B. ;　　C. ,　　D. :

5. 在 Vue Router 的“index.js”配置文件中，name 属性用于指定路由的（　　）。

A. 名称　　B. 路径　　C. 组件　　D. 元信息

实训任务 3　更新页头导航布局

一、实训任务描述

本实训任务需要你在原项目的页头导航布局中增加“资讯”页面的链接，并在刷新项目后单击各导航链接，测试它们能否正确跳转至目标页面。

二、实训任务分析

本实训任务考查 <roter-link> 标签的配置等。利用已学的知识和代码规范，正确设置路由链接，并进行测试。

在实训任务开始前，按照图 7-3-1 所示的思维导图复习教材中的知识点和技能点。

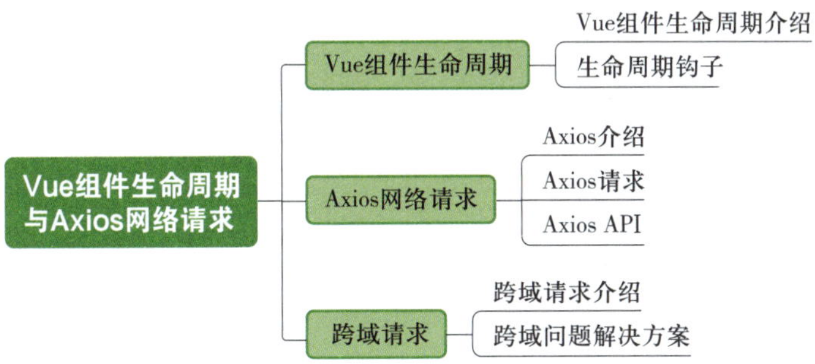

图 7-3-1　思维导图

三、实训计划制订

根据实训任务分析，完成实训计划的制订，填入表 7-3-1 中。

表 7-3-1　实训计划

序号	工作内容	所需时间
1		
2		
3		
4		
5		
6		

四、实训任务实施

按照表 7-3-2 所列的操作步骤和操作要点，完成本实训任务。

表 7-3-2　操作步骤和操作要点

序号	操作步骤	操作要点
1	导入项目文件	在开发工具中导入本书配套资源中的“watch_shop_vue”文件夹
2	启动并预览项目	在命令行窗口中使用 npm run serve 命令启动项目后，使用浏览器预览项目
3	更新根组件代码	在“App.vue”根组件文件的头部导航链接布局中加入链接，并将链接指向“资讯列表”页面
4	测试确认“资讯”页面链接显示	刷新项目后，确认“资讯”页面链接在各页面中均显示正确
5	测试确认“资讯”页面链接跳转	刷新项目后，确认各页面的链接均可正确跳转到对应页面

五、实训错误记录

将实训过程中出现的错误及相应的错误原因、处理方法记录在表 7-3-3 中。

表 7-3-3　实训错误记录

序号	出现错误	错误原因	处理方法
1			
2			
3			
4			
5			

六、实训任务评价

实训任务完成后，以最终作品效果展示的形式在班级内展示学习成果。分别从专业能力、通用能力等维度，采用自我评价、学生互评、教师评价相结合的多元化评价方式，按表 7-3-4 所列评价项目完成实训评价。

表 7-3-4　实训评价

评价项目	评价要求	自我评价（占比 30%）	学生互评（占比 30%）	教师评价（占比 40%）
专业能力	能准确解读和分析实训任务（10 分）			
	能熟练在开发工具中导入并启动项目（10 分）			
	能正确显示“资讯”页面导航链接（20 分）			
	能设置各导航链接跳转到正确页面（20 分）			
通用能力	遵守纪律，遵守学习场所管理规定，听从管理人员安排（10 分）			
	积极主动学习，按要求参加教师安排的实训任务（10 分）			
	具有团队合作意识，注重沟通，自主探究并相互协作（10 分）			
	有安全意识、责任意识、6S 管理意识，注重节约、节能和环保（10 分）			
综合得分				

七、知识巩固与练习

1. 在 Vue Router 中，(　　) 标签用于创建链接。

A. <a>　　B. <link>

C. <router-link>　　D. <nav>

2. 在 Vue Router 中，<router-link> 标签的 to 属性用于指定（　　）。

A. 目标组件的名称

B. 目标组件的路径

C. 目标路由的名称

D. 目标路由的参数

3. 在 Vue Router 中，<router-link> 标签的 replace 属性的作用是（　　）。

A. 替换当前路由，不添加新记录

B. 添加一个新路由记录，不替换当前记录

C. 替换目标组件

D. 替换目标路由的参数

4. 在 Vue Router 中，（　　）属性用于定义路由的路径。

A. name　　B. path　　C. component　　D. meta

5. 在 Vue Router 中，使用（　　）方法可编程式导航到另一个路由。

A. router.push( )　　B. router.go( )

C. router.goto( )　　D. router.forward( )

实训任务 4　创建“资讯列表项”组件

一、实训任务描述

本实训任务需要你创建“资讯列表项”组件，该组件将在后续的实训任务中由“资讯列表”页面调用。“资讯列表”页面在循环调用“资讯列表项”组件的同时，传入不同的 Props 属性，从而动态渲染出多个资讯列表信息。“资讯列表项”组件的布局效果如图 7-4-1 所示。

图 7-4-1　“资讯列表项”组件的布局效果

二、实训任务分析

本实训任务考查 Vue 项目组件的开发等。利用已学的知识和代码规范，创建组件，编写组件脚本和布局样式，使用 Vue Router 实现携带参数跳转页面的功能。

在实训任务开始前，按照图 7-4-2 所示的思维导图复习教材中的知识点和技能点。

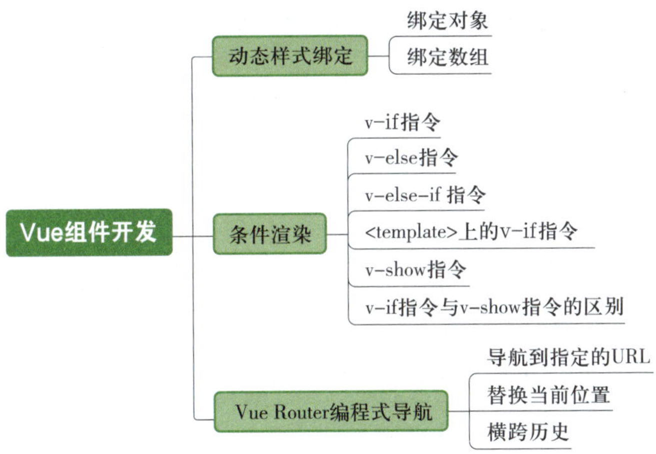

图 7-4-2　思维导图

三、实训计划制订

根据实训任务分析，完成实训计划的制订，填入表 7-4-1 中。

表 7-4-1　实训计划

序号	工作内容	所需时间
1		
2		
3		
4		
5		
6		
7		

四、实训任务实施

按照表 7-4-2 所列的操作步骤和操作要点，完成本实训任务。

表 7-4-2　操作步骤和操作要点

序号	操作步骤	内容
1	导入项目文件	在开发工具中导入本书配套资源中的“watch_shop_vue”文件夹
2	启动并预览项目	在命令行窗口中使用 npm run serve 命令启动项目后，使用浏览器预览项目
3	创建组件文件	在“components”目录中新建“CompItemListBlog.vue”文件
4	编写组件脚本代码	在“CompItemListBlog.vue”文件中添加 <script> 标签，定义接收的 Props 属性，并定义 onItemBlogsClicked( ) 函数，实现携带资讯 id 跳转“资讯详情”页面的功能
5	编写组件布局样式代码	在“CompItemListBlog.vue”文件中添加 <template> 标签和 <style> 标签，并按照布局效果的内容编写布局样式代码
6	在布局代码中绑定单击事件	在 <template> 标签中为布局添加绑定单击事件，实现组件被单击时调用 onItemBlogsClicked( ) 函数的效果，传入资讯 id

五、实训错误记录

将实训过程中出现的错误及相应的错误原因、处理方法记录在表 7-4-3 中。

表 7-4-3　实训错误记录

序号	出现错误	错误原因	处理方法
1			
2			
3			
4			
5			

六、实训任务评价

实训任务完成后，以最终作品效果展示的形式在班级内展示学习成果。分别从专业能力、通用能力等维度，采用自我评价、学生互评、教师评价相结合的多元化评价方式，按表 7-4-4 所列评价项目完成实训评价。

表 7-4-4　实训评价

评价项目	评价要求	自我评价（占比 30%）	学生互评（占比 30%）	教师评价（占比 40%）
专业能力	能准确解读和分析实训任务（10 分）			
	能熟练在开发工具中导入并启动项目（10 分）			
	能正确创建组件文件（10 分）			
	能正确编写组件脚本代码（10 分）			
	能正确编写组件布局样式代码（10 分）			
	能在布局代码中绑定单击事件（10 分）			
通用能力	遵守纪律，遵守学习场所管理规定，听从管理人员安排（10 分）			
	积极主动学习，按要求参加教师安排的实训任务（10 分）			
	具有团队合作意识，注重沟通，自主探究并相互协作（10 分）			
	有安全意识、责任意识、6S 管理意识，注重节约、节能和环保（10 分）			
综合得分				

七、知识巩固与练习

1. 在 Vue 项目中，（　　）实现了在模板中调用“sayHello”按钮的功能。

A. <button onclick="sayHello()">Say Hello</button>

B. <button @click="sayHello">Say Hello</button>

C. <button click="sayHello">Say Hello</button>

D. <button on-click="sayHello">Say Hello</button>

2. 在 Vue Router 中，（　　）实现了跳转到 about 路由的功能。

A. router.forward('/about')

B. router.go('/about')

C. router.push('/about')

D. router.navigate('/about')

3. 在 Vue Router 中，（　　）实现了替换当前路由记录而不添加新记录的功能。

A. router.replace({name:'user'})

B. router.push({name:'user'})

C. router.place({name:'user'})

D. router.push({name:'user'})

4. 在 Vue Router 的 <script setup> 标签中，使用（　　）语句可获取当前的路由器实例。

A. useRoute( )　　B. useRouter( )

C. getCurrentRouter( )　　D. this.$router

5. 在 Vue Router 中，使用（　　）形式可定义一个动态路由参数。

A. :param　　B. ?param

C. {param}　　D. %param

实训任务 5 开发“资讯列表”页面

一、实训任务描述

本实训任务需要你按照图 7-0-1 的布局效果开发“资讯列表”页面。该页面需要向测试后台“资讯列表”接口请求数据，然后将成功返回的资讯列表数据保存在本地响应式变量中，在 <template> 模板标签中使用 v-for 指令，根据资讯列表数据动态调用和渲染“资讯列表项”组件。

二、实训任务分析

本实训任务考查 Axios 插件的基本应用等。利用已学的知识和代码规范，向后台接口请求数据，定义和更新响应式变量，使用 v-for 指令循环渲染页面、调用组件并动态传递数值。

在实训任务开始前，按照图 7-5-1 所示的思维导图复习教材中的知识点和技能点。

三、实训计划制订

根据实训任务分析，完成实训计划的制订，填入表 7-5-1 中。

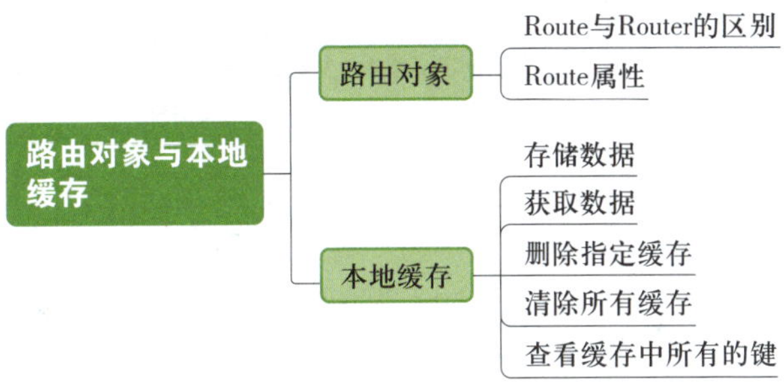

图 7-5-1　思维导图

表 7-5-1　实训计划

序号	工作内容	所需时间
1		
2		
3		
4		
5		
6		
7		
8		

四、实训任务实施

按照表 7-5-2 所列的操作步骤和操作要点，完成本实训任务。

表 7-5-2　操作步骤和操作要点

序号	操作步骤	操作要点
1	导入项目文件	在开发工具中导入本书配套资源中的“watch_shop_vue”文件夹
2	启动并预览项目	在命令行窗口中使用 npm run serve 命令启动项目后，使用浏览器预览项目

续表

序号	操作步骤	操作要点
3	定义响应式变量	在“BlogsView.vue”文件的 <script> 标签中定义用于保存资讯列表数据的响应式变量 blogList
4	请求页面数据	在页面的 <script> 标签中使用 Axios 向测试后台“资讯列表”接口（地址示例：http://localhost/watchshopapi/getBlogList.php）请求数据，并将成功返回的资讯列表数据保存在响应式变量 blogList 中
5	引入“资讯列表项”组件	在页面的 <script> 标签中引入“资讯列表项”组件
6	使用 v-for 指令渲染组件	在页面的 <template> 模板标签中使用 v-for 指令，根据响应式变量 blogList 循环调用“资讯列表项”组件
7	向子组件动态传入 Props 属性	根据响应式变量 blogList 各元素的值，向“资讯列表项”组件动态传入 Props 属性

五、实训错误记录

将实训过程中出现的错误及相应的错误原因、处理方法记录在表 7–5–3 中。

表 7–5–3　实训错误记录

序号	出现错误	错误原因	处理方法
1			
2			
3			
4			
5			

六、实训任务评价

实训任务完成后，以最终作品效果展示的形式在班级内展示学习成果。分别从专业能力、通用能力等维度，采用自我评价、学生互评、教师评价相结合的多元化评价方式，按表 7–5–4 所列评价项目完成实训评价。

表 7-5-4　实训评价

评价项目	评价要求	自我评价（占比 30%）	学生互评（占比 30%）	教师评价（占比 40%）
专业能力	能准确解读和分析实训任务（10 分）			
	能正确请求测试后台“资讯列表”接口（10 分）			
	能正确定义响应式变量并保存接口返回的数据（10 分）			
	能正确引入“资讯列表项”组件（10 分）			
	能使用 v-for 指令循环渲染“资讯列表项”组件（10 分）			
	能正确向“资讯列表项”组件动态传入 Props 属性（10 分）			
通用能力	遵守纪律，遵守学习场所管理规定，听从管理人员安排（10 分）			
	积极主动学习，按要求参加教师安排的实训任务（10 分）			
	具有团队合作意识，注重沟通，自主探究并相互协作（10 分）			
	有安全意识、责任意识、6S 管理意识，注重节约、节能和环保（10 分）			
综合得分				

七、知识巩固与练习

1. 在 Vue 3 中，访问 ref 变量 myVar 值的正确写法为（　　）。

A. myVar.value　　　　B. myVar.val

C. myVar.data　　　　D. myVar

2. 在 Vue 3 中，ref 变量的类型（　　）。

A. 只能是数字

B. 只能是字符串

C. 只能是布尔值

D. 可以是任何类型的数据

3. 在 Vue 中，使用 Axios 发起 GET 请求的基本语法是（　　）。

A. axios.post('http://example.com/api')

B. axios.request('http://example.com/api')

C. axios.get('http://example.com/api')

D. axios.send('http://example.com/api')

4. 在 Vue 中，使用（　　）可在发起 Axios 请求后处理响应数据。

A. .then()　　B. .catch()

C. .finally()　　D. .await()

5. 在 Vue 中，使用（　　）可在发起 Axios 请求失败时捕获错误。

A. .then()　　B. .catch()

C. .finally()　　D. .await()

实训任务 6　开发“资讯详情”页面

一、实训任务描述

本实训任务需要你按照图 7-0-2 的布局效果开发“资讯详情”页面。该页面需要在 <script> 标签中获取路由中携带的资讯 id 参数，若资讯 id 为合法值，则向测试后台“资讯详情”接口请求数据并在页面中动态渲染显示；若无资讯 id 或资讯 id 不合法，则弹出错误提示窗口。

二、实训任务分析

本实训任务考查 Vue 路由参数的使用等。利用已学的知识和代码规范，获取页面路由参数，使用 if 分支语句，调用 Vue 页面生命周期钩子实现详情数据的获取和展示。

在实训任务开始前，按照图 7-6-1 所示的思维导图复习教材中的知识点和技能点。

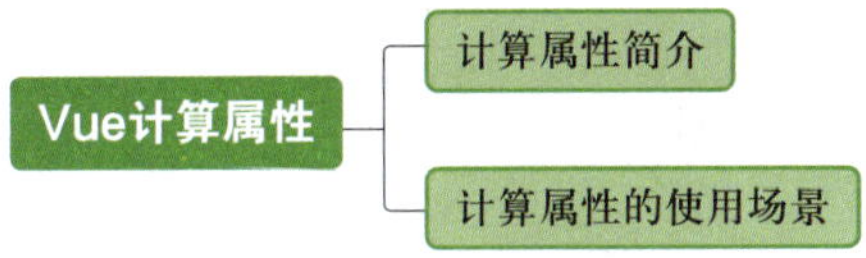

图 7-6-1　思维导图

三、实训计划制订

根据实训任务分析，完成实训计划的制订，填入表 7-6-1 中。

表 7-6-1　实训计划

序号	工作内容	所需时间
1		
2		
3		
4		
5		
6		
7		
8		

四、实训任务实施

按照表 7-6-2 所列的操作步骤和操作要点，完成本实训任务。

表 7-6-2　操作步骤和操作要点

序号	操作步骤	操作要点
1	导入项目文件	在开发工具中导入本书配套资源中的“watch_shop_vue”文件夹
2	启动并预览项目	在命令行窗口中使用 npm run serve 命令启动项目后，使用浏览器预览项目

续表

序号	操作步骤	操作要点
3	定义响应式变量	在“BlogsView.vue”文件中定义两个响应式变量，变量 reqBlogId 用于保存路由请求的资讯 id，变量 blogDetail 用于保存后台接口返回的资讯详情数据
4	定义获取路由参数函数	在页面的 <script> 标签中定义 getBlogId( ) 函数，实现从路由函数中获取请求的资讯 id 参数的功能，若参数合法，则保存至 reqBlogId 变量中并调用请求页面数据函数，否则弹出错误提示窗口
5	定义请求页面数据函数	在页面的 <script> 标签中定义 getPageData( ) 函数，该函数使用 Axios 向测试后台“资讯详情”接口（地址示例：http://localhost/watchshopapi/getBlogDetail.php?id=1）请求指定 id 的资讯详情数据，并将成功返回的数据保存在变量 blogDetail 中
6	调用获取路由参数函数	在页面的 onBeforeMount 生命周期钩子中调用路由参数函数 getBlogId( )
7	动态渲染页面	在页面 <template> 模板标签中根据资讯详情数据动态渲染页面内容

五、实训错误记录

将实训过程中出现的错误及相应的错误原因、处理方法记录在表 7–6–3 中。

表 7–6–3　实训错误记录

序号	出现错误	错误原因	处理方法
1			
2			
3			
4			
5			

六、实训任务评价

实训任务完成后，以最终作品效果展示的形式在班级内展示学习成果。分别从专业能力、通用能力等维度，采用自我评价、学生互评、教师评价相结合的多元化评价方式，按表 7-6-4 所列评价项目完成实训评价。

表 7-6-4　实训评价

评价项目	评价要求	自我评价（占比 30%）	学生互评（占比 30%）	教师评价（占比 40%）
专业能力	能准确解读和分析实训任务（10 分）			
	能正确定义响应式变量（10 分）			
	能在组件正确的生命周期钩子中调用路由参数函数（10 分）			
	能正确获取路由参数并判断其合法性（10 分）			
	能正确向后台“资讯详情”接口请求指定 id 的资讯详情数据，并保存接口返回的数据（10 分）			
	能根据布局效果要求动态渲染“资讯详情”页面布局（10 分）			
通用能力	遵守纪律，遵守学习场所管理规定，听从管理人员安排（10 分）			
	积极主动学习，按要求参加教师安排的实训任务（10 分）			
	具有团队合作意识，注重沟通，自主探究并相互协作（10 分）			
	有安全意识、责任意识、6S 管理意识，注重节约、节能和环保（10 分）			
综合得分				

七、知识巩固与练习

1. 在 Vue 组件中，组件初始化完成后立即执行的生命周期钩子为（　　）。

A. onUnmounted　　B. onBeforeUnmount

C. onBeforeMount　　D. onMounted

2. 在 Vue 模板中，使用（　　）语法可实现根据条件控制元素的显示或隐藏属性功能。

A. v-if　　B. v-show

C. v-bind　　D. v-model

3. 在 Vue Router 中，能够正确获取查询参数的选项是（　　）。

A. const reqdata = useRouter( ).params

B. const reqdata = useRoute( ).getparams

C. const reqdata = useRouter( ).getquery

D. const reqdata = useRoute( ).query

4. 在 URL 中，（　　）可表示名为 name、值为 John Doe 的请求。

A. name=John%20Doe　　B. name=John+Doe

C. name=John%Doe　　D. name=JohnDoe